51 单片机 C 语言应用与开发

胡杰 吴磊 赵鸣 编著

北京航空航天大学出版社

内 容 简 介

本书以 51 系列单片机为主,从应用角度出发介绍单片机的基本工作原理、内部资源的使用及 C51 程序设计的基本方法等相关知识。以 ELITE-III 开发板为基础,介绍了单片机的系统扩展、接口技术及应用系统的开发过程、编程方法,最后以实际项目为基础,介绍了 LTPA245 热敏打印机驱动系统、热球子宫内膜治疗仪控制系统及移动基站动力环境监控系统等项目的软、硬件设计方法。本书摒弃了以学科体系为主线的编排方式,通过大量的实例,使读者能快速、有效地掌握用 C51 语言开发 51 单片机应用系统的方法和流程,真正做到对相关知识的融会贯通。

本书适合高等院校计算机、自动化、电子信息等相关专业的学生学习,同时也可供从事单片机开发的工程设计人员参考使用。

图书在版编目(CIP)数据

51 单片机 C 语言应用与开发 / 胡杰编著. --北京：
北京航空航天大学出版社,2010.8
 ISBN 978-7-5124-0190-7

Ⅰ. ①5… Ⅱ. ①胡… Ⅲ. ①单片微型计算机—
C 语言—程序设计 Ⅳ. ①TP368.1②TP312

中国版本图书馆 CIP 数据核字(2010)第 161495 号

版权所有,侵权必究。

51 单片机 C 语言应用与开发

胡 杰 吴 磊 赵 鸣 编著

责任编辑 董立娟

*

北京航空航天大学出版社出版发行

北京市海淀区学院路 37 号(邮编：100191) http://www.buaapress.com.cn
发行部电话：(010)82317024 传真：(010)82328026
读者信箱：emsbook@gmail.com 邮购电话：(010)82316936
北京时代华都印刷有限公司印装 各地书店经销

*

开本：787mm×960mm 1/16 印张：15.75 字数：353 千字
2010 年 8 月第 1 版 2010 年 8 月第 1 次印刷 印数：4 000 册
ISBN 978-7-5124-0190-7 定价：29.00 元

前言

单片微型计算机(Single Chip Microcomputer,SCM)简称为单片机,是嵌入式系统的重要组成部分。由于最早是为工业控制设计,因而也称作微控制器(Micro Controller Unit,MCU)。近年来,单片机以其高可靠性、高性价比的优势,在工业控制系统、数据采集系统、智能化仪器仪表、办公自动化等诸多领域得到极为广泛的应用。早期的单片机只能用汇编语言编程,编写的程序复杂、难懂,而且硬件相关性很高,要求开发人员或学习者能清楚知道相关芯片的内部结构,尤其是寄存器结构和存储空间的分配等,这些都限制了单片机应用知识的推广。随着单片机C语言编译器的出现,那些硬件基础知识相对缺乏的设计人员设计单片机应用系统的大门也随之打开。基于此,本书以ELITE-III开发板为背景,由浅入深讲述了单片机应用系统设计和开发的全部过程,并用大量的案例来满足不同读者的需求。

本书强调以实际开发板为学习平台,以应用为目的,简化既抽象、又乏味的单片机内部原理介绍,摒弃复杂、难懂的汇编语言学习,代之以易学、易用且功能性、结构性和可移植性都很强的C语言作为编程语言,很大程度上提高了单片机应用系统的学习和开发效率。书中包含了大量51系列单片机应用系统的电路原理图和程序代码,内容覆盖面广,许多实例可直接移植到新的设计项目中使用。

全书共分9章。第1章介绍51系列单片机的基本知识。第2章介绍C51的数据类型及基本编程。第3章介绍51系列单片机内部定时器、中断系统、串口通信等内部资源的功能及应用。第4章介绍μVision3集成开发环境的应用以及功能特点。第5章介绍一款比较实用的单片机开发板(ELITE-III)的硬件资源及几种支持在系统编程功能单片机的程序下载方法。第6章以ELITE-III开发板的现有资源为基础,介绍单片机应用系统的开发和编程方法。第7~9章为80C51系列单片机的工程应用实例,以实际项目为基础,介绍LTPA245热敏打印机驱动系统、热球子宫内膜治疗仪控制系统及移动基站动力环境监控系统等项目的软、硬件设计方法。

其中,第1、3章由赵鸣编写,第2、4、5章由吴磊编写,第6~9章由胡杰编写;全书由胡杰

前言

负责统稿。文汉云教授审阅了全书,并提出了宝贵的意见。在此一并表示感谢。

本书所含的代码及课件均可以从北航出版社网站"下载中心"得到。

由于时间仓促,加之水平有限,书中不足之处在所难免。有兴趣的读者,可以发送电子邮件到:hujie_711@126.com,与作者进一步交流;也可以发送电子邮件到:xdhydcd5@sina.com,与本书策划编辑进行交流。

编 者

2010 年 6 月

目 录

第1章 51单片机的基础知识 ... 1
1.1 51系列单片机的基本结构 ... 1
1.1.1 8051单片机的硬件组成及内部结构 ... 1
1.1.2 8051单片机的引脚功能 ... 2
1.1.3 8051单片机的CPU ... 4
1.2 8051单片机的存储器组织 ... 6
1.2.1 存储器组织 ... 6
1.2.2 特殊功能寄存器 ... 8
1.3 单片机最小系统 ... 9
1.3.1 复位及复位电路 ... 9
1.3.2 时钟电路 ... 10
1.3.3 8051单片机的最小系统 ... 11

第2章 C51程序设计 ... 12
2.1 Keil C51 ... 12
2.2 C51的数据类型 ... 13
2.2.1 常量 ... 15
2.2.2 变量 ... 17
2.2.3 数组 ... 19
2.2.4 指针 ... 21
2.2.5 结构与联合 ... 25
2.3 运算符与表达式 ... 27
2.4 流程控制语句 ... 29
2.4.1 条件语句 ... 29
2.4.2 while语句 ... 30
2.4.3 do-while循环语句 ... 31
2.4.4 for循环 ... 31
2.4.5 switch语句 ... 32

目 录

  2.4.6 break 语句与 continue 语句 …… 33
  2.4.7 返回语句 return …… 33
 2.5 函 数 …… 34
  2.5.1 函数的定义 …… 34
  2.5.2 函数调用 …… 34
  2.5.3 中断服务函数 …… 35
 2.6 编译预处理 …… 37
  2.6.1 宏定义"#define"指令 …… 37
  2.6.2 文件包含#include 指令 …… 39
 2.7 C 语言和汇编语言混合编程 …… 40

第 3 章 51 单片机的内部资源 …… 44
 3.1 并行 I/O 口 …… 44
 3.2 中断系统 …… 45
  3.2.1 概 述 …… 45
  3.2.2 中断控制寄存器 …… 46
  3.2.3 C51 编写中断服务程序 …… 47
  3.2.4 外部中断的扩充 …… 48
 3.3 定时/计数器 …… 50
  3.3.1 工作方式 …… 50
  3.3.2 定时/计数器控制寄存器 …… 51
  3.3.3 定时/计数器的初始化 …… 52
 3.4 串行通信 …… 53
  3.4.1 串行接口的工作方式 …… 53
  3.4.2 串行接口控制寄存器 …… 54
  3.4.3 串行接口应用 …… 56

第 4 章 Keil C51 集成开发环境 …… 59
 4.1 Keil C51 的安装 …… 59
 4.2 μVision3 集成开发环境 …… 62
  4.2.1 μVision3 简介 …… 62
  4.2.2 开发环境的配置 …… 63
 4.3 μVision3 的栏目和窗口 …… 64
 4.4 创建项目 …… 68
 4.5 简单程序的调试 …… 69
 4.6 代码优化 …… 70

4.7 使用技巧 …… 70
4.8 Keil C 编译器常见警告与错误信息的解决方法 …… 71

第 5 章 ELITE-III 开发板简介 …… 74
5.1 ELITE-III 硬件资源 …… 74
5.2 单片机在系统编程 …… 76
5.2.1 AT89S 系列单片机 …… 76
5.2.2 Winbond78E 系列单片机 …… 80
5.2.3 STC89C 系列单片机 …… 82

第 6 章 ELITE-III 开发应用实例 …… 87
6.1 流水灯控制系统设计 …… 87
6.1.1 流水灯的硬件电路 …… 87
6.1.2 流水灯软件设计 …… 89
6.1.3 利用定时器中断产生延时 …… 93
6.2 I/O 口的高级应用 …… 95
6.2.1 数码管显示器 …… 95
6.2.2 键盘接口 …… 100
6.2.3 简易电子钟设计 …… 107
6.3 点阵显示设计 …… 112
6.3.1 8×8 点阵显示设计 …… 112
6.3.2 16×16 动态点阵显示 …… 119
6.4 步进电机控制 …… 123
6.4.1 步进电机 …… 123
6.4.2 步进电机驱动系统 …… 126
6.4.3 简单步进电机控制程序 …… 127
6.5 A/D 转换设计 …… 131
6.5.1 A/D 转换器的基本原理 …… 131
6.5.2 并行接口 A/D 转换器 …… 133
6.6 单片机串行通信 …… 138
6.6.1 串行通信的基础知识 …… 138
6.6.2 单片机与 PC 机的通信 …… 142
6.6.3 单片机之间的通信 …… 149
6.7 I²C 总线技术 …… 150
6.7.1 I²C 总线 …… 151
6.7.2 串行 EEPROM AT24C02 …… 155
6.8 特殊总线串行通信 …… 157
6.8.1 数字温度传感器 DS18B20 …… 157

目录

6.8.2 时钟芯片 DS1302 ·············· 166
第 7 章 LTPA245 热敏打印机驱动设计 ·············· 172
7.1 热敏打印机的工作原理 ·············· 172
7.1.1 热敏打印机结构原理 ·············· 172
7.1.2 热敏打印机设计中需要注意的问题 ·············· 173
7.2 热敏打印机 LTPA245 ·············· 173
7.3 步进电机的驱动 ·············· 176
7.4 单片机资源分配 ·············· 178
7.5 系统硬件设计 ·············· 180
7.6 系统软件 ·············· 183
第 8 章 热球子宫内膜治疗仪控制系统 ·············· 194
8.1 系统硬件组成及工作原理 ·············· 194
8.1.1 系统结构及工作原理 ·············· 194
8.1.2 电源模块 ·············· 195
8.1.3 系统复位及低电压检测电路 ·············· 196
8.1.4 A/D 转换模块 ·············· 198
8.1.5 信号放大及调理电路 ·············· 201
8.1.6 球囊加热器故障检测电路 ·············· 202
8.2 单片机资源的分配 ·············· 203
8.3 系统软件 ·············· 204
第 9 章 移动基站动力环境监控系统 ·············· 214
9.1 系统总体设计方案 ·············· 214
9.1.1 需求分析 ·············· 214
9.1.2 总体方案设计 ·············· 216
9.2 硬件电路设计 ·············· 219
9.2.1 系统硬件结构 ·············· 219
9.2.2 主控 CPU 的外围电路 ·············· 220
9.2.3 开关量 I/O 接口扩展电路 ·············· 225
9.2.4 串行通信扩展 ·············· 227
9.2.5 存储器的扩展 ·············· 232
9.2.6 模拟量的采集 ·············· 233
9.2.7 系统电源电路 ·············· 236
9.3 系统软件 ·············· 237
9.3.1 主 CPU 资源分配 ·············· 237
9.3.2 主 CPU 的部分函数 ·············· 238

参考文献 ·············· 244

第 1 章

51 单片机的基础知识

单片机全称单片微型计算机(Single Chip Microcomputer),即 SCM,是一种将中央处理器(CPU)、存储器(RAM、ROM)、I/O 接口电路、定时/计数器、串行通信接口及中断系统等部件集成到一块硅芯片上构成的相对完整的微型计算机系统。

单片机最初主要应用于控制领域,因而准确反映单片机本质的称谓应该是微控制器(Micro Controller Unit,MCU),目前国际上大多采用 MCU 来代替 SCM,而 MCU 也成了单片机领域公认的、最终统一的名词。但在国内,因"单片机"一词已约定俗成,故仍然用单片机来表示 MCU,即本书所谓的"单片机",实际上指的是 MCU。

1.1 51 系列单片机的基本结构

51 系列单片机基于简单的嵌入式控制系统结构,广泛应用于从军事到自动控制再到 PC 机键盘上的各种应用系统上,是我国目前应用最广泛的单片机系列。很多制造商都提供基于 8051 内核的 51 系列单片机,如 Intel、NXP、Siemens、Atmel、Winbond 等,都给 51 系列单片机加入了大量的性能和外部功能,如 I^2C 总线接口、A/D 转换、看门狗、PWM 输出等,不少芯片的工作频率可达 40 MHz,工作电压下降到 1.5 V。基于一个内核的这些功能使得 51 系列单片机很适合作为厂家产品的基本架构,能够运行各种程序,而开发者只需要学习这一个平台。

1.1.1 8051 单片机的硬件组成及内部结构

(1) 8051 单片机的硬件组成

8051 单片机片内包含以下几个基本部件:
- 1 个 8 位的 CPU,用于进行运算和控制;
- 1 个片内的振荡器及时钟电路;
- 32 个 I/O 口(4 组 8 位端口),可单独寻址;
- 2 个 16 位定时计数器;
- 1 个全双工串行通信口;
- 5 个中断源,两级中断优先级嵌套;

第1章 51单片机的基础知识

- 128字节内置RAM,可用作寄存器和数据缓冲器;
- 4 KB的内置程序存储器ROM(不同型号单片机的内置ROM大小可能不同);
- 可独立寻址64 KB外部数据存储器和64 KB外部程序存储器的控制电路(通过不同的指令分别寻址外部数据存储器和程序存储器)。

每个8051处理周期包括12个振荡周期,每12个振荡周期用来完成一项操作,如取指令或执行指令。计算指令执行时间可把时钟频率除以12,取倒数然后乘以指令执行所需的周期数。如果系统的时钟为11.059 MHz,除以12后就得到了每秒执行的指令个数为921 583条指令,取倒数将得到执行每条指令所需的时间为1.085 ms。

(2) 51系列单片机的内部结构

51系列单片机的内部结构框图如图1-1所示。

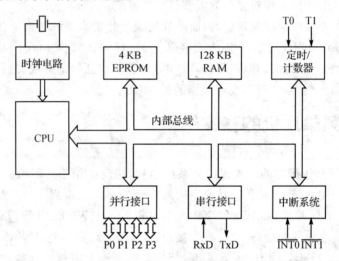

图1-1 8051单片机的内部结构

1.1.2 8051单片机的引脚功能

51系列单片机一般采用40个引脚,双列直插式封装,用HMOS工艺制造,其外部引脚排列如图1-2所示。其中,各引脚的功能为:

1) 主电源引脚

V_{CC}(40脚):接+5 V电源;

V_{SS}(20脚):接电源地。

一般V_{CC}和V_{SS}间应接高频去耦电容和低频滤波电容。

2) 外接晶体或外部振荡器引脚

XTAL1(19脚):接外部晶振的一个引脚。在单片机内部,它是一个反相放大器的输入

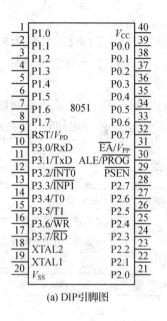
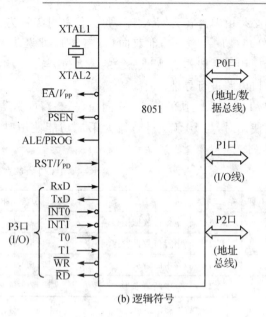

图 1-2 8051 单片机的引脚

端,这个放大器构成了片内振荡器 OSC。当采用外部振荡器时,此引脚应接地。

XTAL2(18 脚):接外部晶振的另一个引脚。在片内接至反相放大器的输出端和内部时钟电路的输入端。当采用外部振荡器时,此脚接外部振荡器的输出端。

3)控制信号线

RST/V_{PD}(9 脚):复位信号输入端,复位/掉电时内部 RAM 的备用电源输入端。

ALE/$\overline{PROG}$(30 脚):地址锁存允许/编程脉冲输入。用 ALE 锁存从 P0 口输出的低 8 位地址;在对片内 EPROM 编程时,编程脉冲由此输入。

$\overline{PSEN}$(29 脚):外部程序存储器读选通信号,低电平有效。

$\overline{EA}$/V_{PP}(31 脚):访问外部存储器允许/编程电压输入。$\overline{EA}$ 为高电平时,访问内部存储器;低电平时,访问外部存储器。对片内 EPROM 编程时,此脚接 21 V 编程电压。

4)多功能 I/O 口引脚

8051 单片机设有 4 个双向 I/O 口(P0、P1、P2、P3),每一组 I/O 口线都可以独立地用作输入或输出口,其中:

① P0 口(32~39 脚)——双向口(三态),可作为输入/输出口,可驱动 8 个 LSTTL 门电路。实际应用中常作为分时使用的地址/数据总线口,对外部程序或数据存储器寻址时低 8 位地址与数据总线分时使用 P0 口:先送低 8 位地址信号到 P0 口,由地址锁存信号 ALE 的下降沿将地址信号锁存到地址锁存器后,再作为数据总线的口线对数据进行输入或输出。

② P1 口(1~8 脚)——准双向口(三态),可驱动 4 个 LSTTL 门电路。用作输入线时,P1

口锁存器必须由单片机先写入"1",每一位都可编程为输入或输出线。

③ P2 口(21~28)——准双向口(三态),可驱动 4 个 LSTTL 门电路,可作为输入/输出口。实际应用中一般作为地址总线的高 8 位,与 P0 口一起组成 16 位地址总线,用于对外部存储器的接口电路进行寻址。

④ P3 口(10~17 脚)——准双向口(三态),可驱动 4 个 LSTTL 门电路。双功能口,作为第一功能使用时,与 P1 口一样;作为第二功能使用时,每一位都有特定用途,其特殊用途如表 1-1 所列。

表 1-1 P3 口的第二功能

端口引脚	第二功能	注 释	端口引脚	第二功能	注 释
P3.0	RXD	串行口数据接收端	P3.4	T0	定时/计数器 0 外部计数信号输入
P3.1	TXD	串行口数据发送端	P3.5	T1	定时/计数器 1 外部计数信号输入
P3.2	/INT0	外中断请求 0	P3.6	/WR	外部 RAM 写选通信号输出
P3.3	/INT1	外中断请求 1	P3.7	/RD	外部 RAM 读选通信号输出

1.1.3 8051 单片机的 CPU

8051 单片机的核心部件是一个 8 位高性能中央处理器 CPU,作用是读入和分析每条指令,根据每条指令的功能要求,控制单片机各个部件执行具体指令的操作。8051 单片机的 CPU 由 8 位运算器(算术/逻辑运算部件)ALU、布尔处理器、定时/控制部件和若干寄存器等主要部件组成。

1. 算术/逻辑部件 ALU

8051 单片机的 ALU 由一个加法器、两个 8 位暂存器(TMP1 和 TMP2,对用户不开放)和一个性能强大的布尔处理器组成。既可以进行加、减、乘、除等四则运算,又可以完成与、或、非、异或等逻辑运算,还可以执行数据传送、移位、判断及程序转移等操作。

布尔处理机是单片机 CPU 中一个独立的位处理机,用于完成位运算。在软件上,它有相应的指令系统,可提供 17 条位操作指令;在硬件上,它有自己的"累加器"(进位位 C)和自己的位寻址 RAM、I/O 空间。

2. 定时/控制部件

定时控制部件由定时控制逻辑、指令寄存器 IR 和一个由反向放大器构成的振荡器 OSC 等电路组成。OSC 是控制器的心脏,能为控制器提供时钟脉冲,其反相器的输入/输出端分别接单片机的 XTAL1 和 XTAL2 引脚;指令寄存器用于存放从程序存储器中取出的指令码;定时控制逻辑用于对 IR 中的指令进行译码,并在 OSC 的配合下产生指令的时序脉冲,以完成相应指令的执行。

3. 专用寄存器组

专用寄存器组主要用来指示当前要执行指令的内在地址、存放操作数和指示指令执行后的状态等,是任何一台计算机的 CPU 都不可缺少的组成部件,其寄存器的多少、位数因机器的型号而不同。8051 单片机的专用寄存器组主要包括累加器 A、程序指针计数器 PC、程序状态字寄存器 PSW、堆栈指针寄存器 SP、数据指针寄存器 DPTR 和通用寄存器 B 等。

1) 累加器 A

累加器 A(又记作 ACC)是最常用的一个 8 位专用寄存器,专门用来存放操作数或运算结果。进入 ALU 做算术运算或逻辑运算的操作数很多来自 ACC,操作的结果也常送回 ACC。

2) 通用寄存器 B

通用寄存器 B 是专门为乘法和除法指令设置的寄存器,也是一个 8 位寄存器,该寄存器在执行乘法或除法指令前用来存放乘数或除数,在乘法或除法运算完成后用于存放乘积和高 8 位或除法的余数。

3) 程序指针计数器 PC

程序指针计数器 PC 是一个 16 位的程序地址寄存器,用来存放下一条将要执行指令的 16 位首地址,可对 64 KB 程序存储器(片内和片外统一编址)进行寻址。对外部程序存储器寻址时,PC 内容的低 8 位由 P0 口输出,高 8 位由 P2 口输出。

4) 程序状态字 PSW

程序状态字 PSW 是一个 8 位标志寄存器,用来存储指令执行后的有关状态;其各标志位的定义如下所示,其中,PSW7 为最高位,PSW0 为最低位。

PSW7	PSW6	PSW5	PSW4	PSW3	PSW2	PSW1	PSW0
CY	AC	F0	RS1	RS0	OV		P

① 进位标志 CY:加法(减法)运算时,如果最高位 D7 有进(借)位,则 CY=1,否则 CY=0;位处理时,它起着"位累加器"的作用。

② 辅助进位标志 AC:加(减)法运算时,如果低半字节的最高位 D3 有进(借)位,则 AC=1,否则 AC=0;CPU 根据 AC 标志对 BCD 码的算术运算结果进行调整。

③ 用户标志 F0:是用户定义的一个状态标志。可通过软件对它置位、清零;在编程时,也常测试其状态进行程序分支。

④ 工作寄存器区选择位 RS1、RS0:可借软件置位或清零,以选定 4 个工作寄存器区中的一个区投入工作。

⑤ 溢出标志 OV:做有符号数加法、减法时由硬件置位或清除,以指示运算结果是否溢出。

⑥ 奇偶标志 P:每执行一条指令,单片机都能根据 A 中 1 个数的奇偶自动令 P 置位或清零;奇为 1,偶为 0。此标志对串行通信的数据传输非常有用,通过奇偶校验可检验数据传输

的正确与否。

5）数据指针寄存器 DPTR

数据指针寄存器 DPTR 是一个 16 位的专用寄存器，主要用于访问单片机外部数据存储器或扩展的 I/O 口，也可以用来访问片内或片外程序存储器中的表格数据。DPTR 由 DPH、DPL 两个 8 位专用寄存器拼装而成，其中 DPH 为 DPTR 的高 8 位，DPL 为 DPTR 的低 8 位。

6）堆栈指针寄存器 SP

51 系列单片机的堆栈建在内 RAM 区中，8 位地址指针 SP 总是指向栈顶的位置。复位时，(SP)=07H。汇编语言中，可以通过 MOV 指令对 SP 赋值；而在 C51 程序设计语言中，堆栈指针寄存器 SP 可以作为一个变量，通过赋值语句对其进行赋值。

1.2 8051 单片机的存储器组织

1.2.1 存储器组织

8051 单片机的存储系统与典型微型计算机的冯·诺依曼体系结构不同，而是采用哈佛体系结构，其存储器由逻辑上和物理上都完全分开、各自独立的程序存储器和数据存储器组成，通过不同的地址指针、寻址方式和控制信号进行寻址。

从物理结构上看存在 4 个相互独立的存储器空间：芯片内、外部的程序存储器和芯片内、外部的数据存储器。从逻辑上看，存在 3 个不同的存储空间：片内、片外的程序存储器在同一逻辑空间中，地址从 0x0000~0xFFFF，共有 64 KB；片内、片外的数据存储器各占一个逻辑空间，其中片内数据存储器的地址空间为 0x00~0xFF，而片外数据存储器的地址空间则为 0x0000~0xFFFF。8051 的存储器结构如图 1-3 所示。

1. 程序存储器

程序存储器用来存放可执行程序，也称为代码段。其地址指针 PC 是一个 16 位的寄存器，可寻址的地址空间为 64 KB，但单片机内部的程序存储器容量一般没有这么大。对于 51 系列单片机 8051/8751，其片内只有 4 KB 的 ROM/EPROM，而 8031 内部则无程序存储器。

要让单片机执行片内 ROM/EPROM 中的程序（地址在 0x0000~0x0FFF 之间），则必须将单片机的 EA 引脚接高电平；否则，即使 PC＜0x1000 时，单片机也只会执行片外程序存储器中的指令。

单片机到片外程序存储器中取指时，以 PC 的内容作为地址，以 $\overline{\text{PSEN}}$ 作为控制信号，读取相应单元的指令码，然后经数据总线传送到指令寄存器。

2. 数据存储器

8051 单片机的数据存储器无论从物理上，还是逻辑上都可分为两个独立的地址空间，一

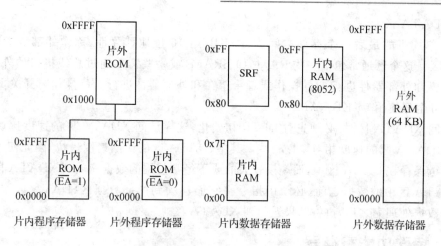

图 1-3　8051 的存储器结构

个为内部数据存储器，汇编语言中用 MOV 指令访问，访问速度快；另一个为外部数据存储器，汇编语言中访用 MOVX 指令访问，访问速度慢。

在单片机 C51 程序设计语言中，根据存储器的访问速度和使用情况，可将数据存储器划分为 DATA 区、BDATA 区、IDATA 区、XDATA 区等不同的存储区域。

1) DATA 区

DATA 区是指 8051 单片机内 128 字节的内部 RAM 或 8052 内前 128 字节的内部 RAM。这部分存储区主要用来存放频繁使用的变量或局部变量等临时数据，所以称为 DATA 区。DATA 区的访问速度很快，所以程序中通常把使用比较频繁的变量或局部变量存储在 DATA 区中，不过由于 DATA 区只有 128 字节，使用时应注意节省 DATA 区的空间。

DATA 区中还包含中两个子区，第一个子区为 4 组寄存器组，每组包含 8 个寄存器，共有 32 个寄存器，可在任何时候通过修改 PSW 寄存器的 RS1 和 RS0 值来选择 4 组寄存器的任意一组作为工作寄存器组，8051 单片机也可默认任意一组作为工作寄存器组。工作寄存器组的快速切换不仅使参数传递更为方便，而且可在 8051 单片机中进行快速的任务转换。

另外一个子区叫做位寻址区（BDATA 区），有 16 个字节（共 128 位），每一位都可单独寻址，单独作为位变量使用。8051 单片机有 17 条位操作指令，这使得程序控制非常方便，并且可帮助软件代替外部组合逻辑，这样就减少了系统中的模块数。位寻址区的这 16 个字节也可像 DATA 区中其他字节一样进行字节寻址。

2) IDATA 区

8051 系列的一些单片机，如 8052 中有附加的 128 字节的内部 RAM，位于从 0x80 开始的地址空间中，称为 IDATA。因为 IDATA 区的地址和特殊功能寄存器的地址是重叠的，所以只能通过间接寻址来访问。访问 IDATA 区的速度比访问 DATA 区慢，但比 XDATA 快。

3) XDATA 区

8051 单片机的最后一个存储空间为 64 KB,用 16 位地址寻址,称作外部数据区,简称 XDATA 区。这个区通常包括一些 RAM(如 SRAM)或一些需要通过总线接口的外围器件。如果不需要和外部器件进行 I/O 操作或者希望在和外部器件进行 I/O 操作时开关 RAM,则 XDATA 可全部使用 64 KB RAM。

在访问 XDATA 区时,必须先对 DPTR 初始化,这样访问 XDATA 区的速度比访问 DATA 区或 IDATA 区的速度相对要慢一些。其中,DATA 区的访问速度最快,因此使用频繁的数据应尽量保存在 DATA 区中,而规模较大的或不经常使用的数据应放到 XDATA 区中。在使用 XDATA 区中的数据之前,必须用指令将它们移动到内部数据区(DATA 区或 IDATA 区)中,当数据处理完之后,再将结果返回到 XDATA 区。

1.2.2 特殊功能寄存器

51 系列单片机有 21 个 SFR(8052 有 26 个),用来管理单片机内部各个功能部件。它们离散地分布在 0x80~0xFF 地址范围内,有些反映相关逻辑部件的工作状态,有些则是相关功能单元的控制命令字,均可由单片机按字节地址访问,而其中一部分(凡是字节地址能被 8 整除)则可按位寻址。各特殊功能寄存器的定义及功能见表 1-2。

表 1-2 特殊功能寄存器的功能及定义

标识符	寄存器名	地 址
.ACC	累加器(指令中用 A 作助记符)	0xE0
.B	B 寄存器(乘除指令中与 ACC 一起使用,B 放高位或商)	0xF0
.PSW	程序状态字	0xD0
SP	堆栈指针寄存器	0x81
DPTR	数据指针寄存器(由 DPH 和 DPL 组成)	0x83 和 0x82
.P0	P0 口寄存器	0x80
.P1	P1 口寄存器	0x90
.P2	P2 口寄存器	0xA0
.P3	P3 口寄存器	0xB0
.IP	中断优先级控制寄存器	0xB8
.IE	中断允许寄存器	0xA8
TMOD	定时/计数器方式控制寄存器	0x89
.TCON	定时/计数器控制寄存器	0x88
+.T2CON	定时/计数器 2 控制寄存器	0xC8

续表 1-2

标识符	寄存器名	地址
TH0	定时/计数器 0 高 8 位字节	0x8C
TL0	定时/计数器 0 低位字节	0x8A
TH1	定时/计数器 1 高位字节	0x8D
TL1	定时/计数器 1 低位字节	0x8B
＋TH2	定时/计数器 2 高位字节	0xCD
＋TL2	定时/计数器 2 低位字节	0xCC
＋RLDH	定时/计数器 2 自动再装载高位字节	0xCB
＋RLDL	定时/计数器 2 自动再装载低位字节	0CAH
．SCON	串行通信控制寄存器	0x98
SBUF	串行通信数据缓冲器	0x99
PCON	电源控制寄存器	0x97

注：表中带"．"号的寄存器可按字节和位寻址；带"＋"号的寄存器是与定时/计数器 2 有关的寄存器，仅在 8032 和 8052 中存在。

1.3 单片机最小系统

单片机的最小系统是指使单片机能运行程序、正常工作的最简单电路系统，是保证单片正常启动、开始工作的必需电路，缺一不可。单片机最小系统一般由单片机、程序存储器、时钟电路和复位电路组成。对于 8051 单片机，由于片内有 4 KB 的程序存储器，所以其最小系统除了单片机本身外，只需外接时钟电路与复位电路即可。

1.3.1 复位及复位电路

1. 8051 单片机的复位

复位是使 CPU 和系统中其他功能部件都处于一个确定的初始状态，并从这个状态开始工作。8051 单片机在 RST 输入端（9 脚）出现高电平时实现系统的复位和初始化。在振荡器运行的情况下，要实现复位操作，必须使 RST 端的高电平至少保持两个机器周期（24 个振荡周期）。CPU 在第二个机器周期内执行复位操作，以后每一个机器周期重复一次，直到 RST 降为低电平。复位期间不产生 ALE 及 $\overline{PSEN}$ 信号。复位的内部操作使 SP 为 0x07，各端口（P0～P3）都为 0xFF，特殊功能寄存器都为 0，但不影响 RAM 的状态。当复位结束（RST 变为低电平）后，CPU 从 0x0000 开始执行程序。

值得注意的是：8051 单片机通电后并不运行 ROM 里的程序，只有正常复位后，才能开始正常工作，运行程序。

2. 复位电路

单片机的复位分为上电自动复位、按键手动复位和看门狗强制复位3种方式。上电复位通常利用电容的充放电来实现,按键复位则可分为按键脉冲复位和按键电平复位两种,看门狗复位则通过外接看门狗电路或软件看门狗程序实现。常见的上电复位和按键复位电路如图1-4所示。

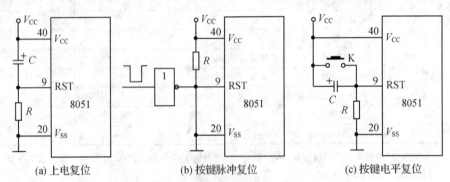

图1-4 常见的系统复位电路

图1-4(a)为最简单的单片机复位电路。当系统上电时,由于电容 C 两端的电压不会瞬间改变,所以8051的第9脚复位端会得到短暂的高电平,随后,电容通过电阻 R 进行充电,经过一段时间后,RST端变为低电平。当电容的充放电时间常数 RC 足够大,能保证在RST端得到超过两个机器周期的高电平时,单片机完成复位操作,开始正常运行ROM里的程序。

图1-4(b)为按键脉冲复位电路。当系统上电时,单片机并不复位,不能运行ROM里的程序。只有当系统上电后,按一下复位按键(图中未画出),反相器输出超过两个机器周期的高电平时,才能完成系统复位。

图1-4(c)为包括上电复位功能的按键电平复位电路,是最常见的单片机复位电路之一。当系统上电时,单片机的RST端得到两个以上机器周期的高电平,随后电容 C 经电阻 R 充电变为低电平,完成单片机的上电复位。在单片机的运行过程中,如果由于外界干扰等因素的影响,使单片机的程序跑飞,则可以通过按下按键K使单片机完成复位操作。当按下K键时,电容两端短路,RST接电源 V_{CC} 变为高电平,同时电容迅速放电,使电容的两个极板电位一致。释放按键K后,电容 C 通过电阻 R 充电,经过两个以上机器周期的时间后,RST端变为低电平,完成单片机的复位。

1.3.2 时钟电路

时钟电路用于产生单片机的基本时钟信号。8051的时钟信号可由内部振荡器产生,也可由外部电路直接提供。内部振荡器的输入和输出脚分别为XTAL1和XATL2,由XTAL2给单片机内部电路提供时钟信号。当时钟信号由外部电路提供时,外部时钟引入 XTAL2 脚,而 XTAL1 脚接地。两种时钟信号的连接电路如图 1-5 所示。

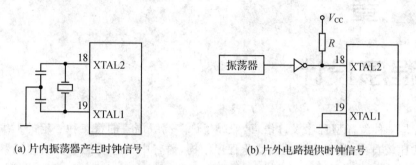

(a) 片内振荡器产生时钟信号　　　(b) 片外电路提供时钟信号

图 1-5　两种时钟信号电路

1.3.3　8051 单片机的最小系统

8051 单片机芯片内部有 4 KB 的程序存储器,所以其最小系统除了单片机本身外,只须外接时钟电路与复位电路。典型的 8051 单片机最小系统电路如图 1-6 所示。

图中,单片机的时钟电路由 1 个晶振和 2 个校准电容组成,由单片机振荡器产生单片机的时钟信号;复位电路由按键电平复位电路构成,完成单片机的上电复位和异常情况下的按键复位操作;由于 8051 单片机内部有 4 KB 的 ROM,单片机须运行片内程序存储器的程序,所以其EA脚(31 脚)应接高电平。

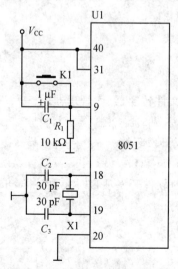

图 1-6　典型的 8051 电小系统

第 2 章

C51 程序设计

C语言是一种编译型程序设计语言,兼顾了许多高级语言的特点和一定的汇编语言功能。其书写格式比较自由,具有完善的模块化程序结构,语言中含有功能丰富的库函数,具有运算速度快、编译效率高、有良好的可移植性等优点,而且可以实现对系统硬件的直接控制。因此,使用C语言进行程序设计已成为目前单片机及嵌入式系统开发的主流。

2.1 Keil C51

目前,支持51单片机C语言程序的编译器有很多种,但使用最为广泛的是Keil公司的Keil C51编译器。Keil C51编译器是一个基于Windows操作系统的80C51单片机集成开发平台,集项目管理、源程序编辑、程序调试于一体,可以编辑、编译、调试51系列单片机编写的汇编语言程序和C51程序。Keil C51的 μVision2 及以上版本支持Keil的各种80C51工具,包括C编译器、宏汇编器、链接/定位器及Object-Hex转换程序,可以帮助用户快速有效地实现单片机系统的设计与调试。

(1) Keil C51 的主要功能模块

- C51 优化 C 编译器;
- A51 宏汇编器;
- 80C51 工具链接器、目标文件转换器、库管理器;
- Windows 版 dScope 源程序调试器/模拟器;
- Windows 版 μVision 集成开发环境。

(2) Keil C51 的编程步骤

使用 Keil C51 编程和用其他软件开发项目时大致一样,步骤如下:

① 创建 C 或汇编语言源程序;
② 编译或汇编源文件运算符;
③ 纠正源文件中的错误;
④ 连接产生目标文件;
⑤ 模拟调试用户程序。

Keil C51 编译器在遵循 ANSI 标准的同时,也专为 8051 系列微控制器进行了特别的设计。Keil C51 编译器与标准的 ANSI C 语言编译器相比,主要区别在于前者对 C 语言的扩展能让用户充分使用 51 单片机的所有资源。这些差别主要表现在以下几个方面:8051 的存储类型;存储模式;数据类型;C51 指针;函数。

相对于 ANSI 的 C 编译器而言,Keil C51 编译器的大多数扩展功能都是直接针对 8051 系列微处理器的。充分理解其区别和特点、深入理解并应用 C51 对标准 ANSI C 的扩展,是学习 C51 的关键之一。

2.2 C51 的数据类型

具有一定格式的数字或数值叫做数据。数据是计算机操作的对象,任何程序设计都离不开对于数据的处理。数据的不同存储格式称为数据类型,数据按一定的数据类型进行排列、组合、架构则称为数据结构,数据在计算机内存中的存放情况由数据结构决定。C 语言的数据结构是以数据类型出现的,包括基本类型、构造类型、指针类型以及空类型等。基本类型有位(bit)、字符(char)、整型(int)、短整型(short)、长整型(long)、浮点型(float)以及双精度浮点型(double)等;构造类型包括数组(array)、结构体(struct)、共用体(union)以及枚举类型(enum)等。

对于单片机编程而言,支持的数据类型和编译器有关,比如在 C51 编译器中整型(int)和短整型(short)相同,浮点型(float)和双精度浮点型(double)相同。表 2-1 列出了 C51 的数据类型。

表 2-1 C51 的数据类型

数据类型	长度	值域
unsigned char	单字节	0～255
signed char	单字节	−128～+127
unsigned int	双字节	0～65 536
signed int	双字节	−32 768～+32 767
unsigned long	4 字节	0～4 294 967 295
signed long	4 字节	−2 147 483 648～+2 147 483 647
float	4 字节	±1.175 494E−38～±3.402 823E+38
*	1～3 字节	对象的地址
bit	位	0 或 1
sfr	单字节	0～255
sfr16	双字节	0～65 535
sbit	位	0 或 1

1) char 字符类型

字符型分为有符号字符型(signed char)和无符号字符型(unsigned char)两种,默认值为有符号型。字符型数据长度为一个字节。有符号字符型数据字节中的最高位为符号位,"0"表示正数,"1"表示负数,负数用补码表示。无符号字符型数据字节中的位均用来表示数本身,而不包括符号,其数值范围为0~255。

2) int 整型

整型(int)同样分为有符号整型(signed int)和无符号整型(unsigned int)两种,默认值为有符号整型。整型数据长度为两个字节。

3) long 长整型

长整型(long)也分为有符号长整型(signed long)和无符号长整型(unsigned long)两种,默认值为有符号长整型。长整型数据长度为4个字节。

4) float 浮点型

单精度浮点型数据占用4个字节(32位二进制数),在内存中的存放格式如下:

字节地址	+0	+1	+2	+3
浮点数内容	MMMMMMMM	MMMMMMMM	EMMMMMMM	SEEEEEEE

其中,S为符号位,位于最高字节的最高位。"1"表示负数,"0"表示正数。E为阶码,占用8位二进制数,存放在两个高字节中。为了避免出现负的阶码值,阶码E值是以2为底的指数再加上偏移量127,指数可正可负。阶码E的正常取值范围为1~254,则实际指数的取值范围为-126~+127。M为尾数的小数部分,用23位二进制数表示,存放在3个低字节中。尾数的整数部分永远为1,因此尾数隐含存在,不予保存。小数点位于隐含的整数位"1"后面。一个浮点数的数值范围是$(-1)^S \times 2^{E-127} \times (1.M)$。

例如:浮点数124.75=42F94000H,在内存中的存放格式为:

字节地址	+0	+1	+2	+3
浮点数内容	00000000	01000000	11111001	01000010

需要指出的是,浮点型数据除了有正常数值之外,还可能出现非正常数值。根据IEEE标准,当浮点型数据取以下数值(16进制数)时即为非正常值:

FFFFFFFFH　　　非数(NaN)
7F800000H　　　正溢出(+INF)
FF800000H　　　负溢出(-INF)

另外,8051单片机不包括捕获浮点运算错误的中断向量,需要用户依据可能出现的错误条件用软件方法进行相应的处理。

5) * 指针型

在 C51 中指针变量的长度一般为 1~3 个字节。指针变量也具有类型,表示方法是在指针符号"*"的前面冠以数据类型符号。如 char * point1,表示 point1 是一个字符型的指针变量;float * point2,表示 point2 是一个浮点型的指针变量。指针变量的类型表示该指针所指向地址中数据的类型,使用指针型变量可以方便地对 8051 单片机的各部分物理地址直接进行操作。

6) bit 位标量

位标量是 C51 编译器的一种扩充数据类型,利用它可定义一个位变量,但不能定义位指针,也不能定义位数组。

位标量用关键字"bit"定义,是一个二进制位。函数中可以包含 bit 类型的参数,函数的返回值也可以为 bit 型。位标量用于定义一个标量,表示某个二进制位的值,这对能直接进行位操作的 80C51 来说,很有实用价值。它的语法结构是:

    bit 标量名;

例如:

bit flag;   //定义一个位标量 flag,作为程序中的一个标志位

7) sfr 特殊功能寄存器

特殊功能寄存器型数据是 C51 编译器的一种扩充数据类型,利用它可以访问 8051 单片机内的所有特殊功能寄存器。sfr 型数据占用一个字节内存单元,取值范围为 0~255。

8) sfr16

16 位特殊功能寄存器型数据占用两个字节的内存单元,取值范围为 0~65 535。

9) sbit 可寻址位

可寻址位是 C51 编译器的一种扩充数据类型,利用它可以访问 8051 单片机内部 RAM 中的可寻址位或特殊功能寄存器中的可寻址位。例如:

sfr P0 = 0x80;   //将 8051 单片机的 P0 的口地址定义为 0x80
sbit FLAG1 = P0^1;   //将 P0.1 位定义为 FLAG1

bit 和 sbit 的主要区别是,bit 定义的是一个标量,而 sbit 是将一个已知的位重命名。

2.2.1 常量

在程序运行过程中,其值不能被改变的量称为常量。常量的数据类型有整型、浮点型、字符型和字符串型等。

(1) 整型常量

整型常量就是整型常数,可表示为以下几种形式:

十进制整数:如 1 234、-5 678、0 等。

第 2 章　C51 程序设计

十六进制整数：以 0x 开头的数是十六进制数，如 0x123 表示十六进制数 123H，相当于十进制数 291。−0x1a 表示十六进制数−1aH，相当于十进制数−26。ANSI C 标准规定十六进制数的数字为 0~9，再加字母 a~f。

长整数：在数字后面加一个字母 L 就构成了长整数，如 2048L、0123L、0xffOOL 等。

(2) 浮点型常量

浮点型常量有十进制数和指数两种表示形式。

十进制数表示形式又称定点表示形式，由数字和小数点组成。如 0.3141、3141、314.1、3141. 及 0.0 都是十进制数表示形式的浮点型常量。在这种表示形式中，如果整数或小数部分为 0 可以省略不写，但必须有小数点。

指数表示形式为：

[±]数字[.数字]e[±]数字

其中，[]为可选项，其中的内容根据具体情况可有可无，其他部分为必须项。如 123e4.5e6、−7.0e−8 等都是合法的指数形式的浮点型常量；而 e9、5e4.3 和 e 都是不规范的表示形式。

(3) 字符型常量

在 C 语言中，字符常量是用单引号括起来的单个字符，如 'a'、'b' 等。对不可显示的控制字符，可以在该字符前面加一反斜杠 "\" 构成专用转义字符。转义字符可以完成一些特殊功能和输出时的格式控制。常用转义字符如表 2−2 所列。

表 2−2　常用转义字符表

转义字符	含　义	ASCII 码 (16 进制数)
\0	空字符 (NULL)	00H
\n	换行符 (LF)	0AH
\r	回车符 (CR)	0DH
\t	水平制表符 (HT)	09H
\b	退格符 (BS)	08H
\f	换页符 (FF)	0CH
\'	单引号	27H
\"	双引号	22H
\\	反斜杠	5CH

(4) 字符串常量

字符串型常量是由一对双引号 "" 括起的字符序列，如 "ABCD"、"$1234" 等都是字符串常量。当双引号内的字符个数为 0 时，称为空串常量。需要注意的是，字符串常量首尾的双引号是界限符，当需要表示双引号字符串时，要使用转义字符 "\"，如 printf("He said \"I am a student\"\n")。

2.2.2 变 量

1. 变量的定义

变量是在程序执行过程中其值可以改变的量。C 语言程序中的每一个变量都必须有一个标识符作为它的变量名。在使用一个变量之前,必须先对该变量进行定义,并指出它的数据类型和存储模式,以便编译系统为它分配相应的存储单元。C51 中对变量进行定义的格式如下:

[存储种类] 数据类型 [存储器类型] 变量名表;

其中,"存储种类"和"存储器类型"是可选项。变量的存储种类有 4 种:自动(auto)、外部(extern)、静态(static)、寄存器(register)。在定义一个变量时如果省略存储种类选项,则该变量将为自动(auto)变量。变量的数据类型有位变量、字符型变量、整型变量和浮点型变量等。

2. 变量的存储器类型

定义一个变量时除了需要说明其存储种类、数据类型之外,C51 编译器还允许说明变量的存储器类型。Keil C51 编译器完全支持 8051 系列单片机的硬件结构,可以访问其硬件系统的所有部分。对每个变量可以准确地赋予其存储器类型,从而使其能在单片机系统内准确定位。存储类型与 8051 单片机实际存储空间的对应关系如表 2-3 所列。

表 2-3 C51 存储类型与 8051 单片机存储空间的对应关系

存储器类型	说 明
data	直接访问内部数据存储器(128 字节),访问速度最快
bdata	可位寻址内部数据存储器(16 字节),允许位与字节混合访问
idata	间接访问内部数据存储器(256 字节),允许访问全部内部地址
pdata	分页访问外部数据存储器(256 字节),用 MOVX @Ri 指令访问
xdata	外部数据存储器(64 KB),用 MOVX @DPTR 指令访问
code	程序存储器(64 KB),用 MOVC @A+DPTR 指令访问

code 存储器类型对应 64 KB 程序存储器空间。程序存储器是只读不写的,如果将变量定义成 code 存储器类型,那么这个变量的值只能允许访问和引用,不能修改。该存储空间除存放程序语句的机器码外,还可存储各种查寻表。C51 程序中将变量定义为 code 存储器类型,可以完成与汇编语言相同的功能。

data 存储器类型定义的变量存储在内部 RAM 的低 128 字节地址空间。data 存储器类型对应的空间主要用作数据区。该存储区内,指令用一个或两个周期来访问数据,在所有区内访问中速度最快。通常将使用较频繁的变量、局部变量或用户自定义变量存储在 data 区。

bdata 存储器类型对应的空间称为位寻址区,即 bdata 区。该区的范围是片内 RAM 地址

20H～2FH 结束,包括 16 字节,共 128 个可以寻址的位,每一位都可单独操作。80C51 有 17 条位操作指令,程序控制非常方便,并且有助于软件代替外部组合逻辑。位寻址区的这 16 字节也可以进行字节寻址。

使用 xdata 存储类型定义常量、变量时,C51 编译器会将其定位在外部数据存储空间(片外 RAM),该空间位于片外附加的 8 KB、16 KB、32 KB 或 64 KB RAM 芯片中,其最大寻址范围为 64 KB。要使用外部数据区信息时,需用指令将其移动到内部数据区,数据处理完成后,结果再返回到片外数据存储区。片外数据存储区主要用于存放不经常使用的变量,或收集等待处理的数据,或存放要被发往另一台计算机的数据。

pdata 存储类型属于 xdata 类型,它的一字节地址(高 8 位)被妥善保存在 P2 口中,用于 I/O 操作。

idata 存储类型可以间接寻址全部内部数据存储器空间(可以超过 127 字节)。

3. 存储器模式

存储模式决定了变量的默认存储类型,C51 提供了 3 种存储器模式来存储变量。定义变量时如果省略"存储器类型"选项,则系统按编译模式 small、compact 或 large 所规定的默认存储器类型确定变量的存储区域,不能位于寄存器中的参数传递变量和过程变量也保存在默认的存储器区域。无论什么存储模式都可以声明变量在任何的 80C51 存储区范围,而把最常用的命令(如循环计数器和队列索引)放在内部数据区,从而显著地提高系统性能。需要特别指出的是,变量的存储种类与存储器类型是完全无关的。

C51 系统的存储模式可以在源程序中用语句直接定义,也可以在 C51 的源程序调试集成软件环境中,通过对某个项目文件的选项来设置。

(1) small 存储模式

small 存储模式也叫小模式。该模式中,C51 把所有函数变量、局部数据段,以及所有参数传递,都放在内部数据存储器 data 区,因此这种存储模式的优势是数据存取速度很快,但 small 存储模式的地址空间受限,因为访问速度快,在写小型应用程序时,变量和数据应放在 data 内部数据存储器。而在较大的应用程序中,data 区最好只存放小的变量、数据或常用的变量(如循环计数、数据索引),而大的数据应放置在其他存储区域。

(2) compact 存储模式

compact 存储模式又称为压缩的存储模式。该模式下,所有的函数、程序变量和局部数据段定位在 80C51 嵌入式系统的 pdata 区。外部数据存储区采用分页访问,每页 256 字节,最多 256 页。通过寄存器 R0 和 R1 对 pdata 区数据进行间接寻址,比使用 DPTR 要快一些。

(3) large 存储模式

large 存储模式也叫大模式。该模式中,所有函数、过程的变量、局部数据段都定位在 80C51 的外部数据存储器中,容量最多可支持 64 KB,要求使用 DPTR 数据指针访问数据或定义成 xdada 的存储器类型。

关于存储模式的设置,要注意以下两点:

① 如果用参数传递和分配再入函数的堆栈,应尽量使用 small 存储模式。Keil C51 尽量使用内部寄存器组进行参数传递,在寄存器组中可以传递参数的数量和压缩存储模式一样,载入函数的模拟栈将在 xdata 中。由于对 xdata 区数据的访问最慢,所以要仔细考虑变量应存储的位置,使数据的存储速度得到优化。

② 可以使用混合存储模式。Keil 允许使用混合的存储模式,这点在大存储模式中是非常有用的。在大存储器模式下,有些过程对数据传递的速度要求很高,就把过程定义在小存储模式寄存器中,这使得编译器为该过程的局部变量在内部 RAM 中分配存储空间并保证所有参数都通过内部 RAM 进行传递。在小模式下,有些过程需要大量存储空间,可以把过程声明为压缩模式或大模式;这种过程中的局部变量将存储在外部存储区中,也可以通过过程中的变量声明,把变量分配在 xdata 段中。

4. 重新定义数据类型

C 语言程序中,除了可以采用上面介绍的数据类型外,用户还可以根据需要对数据类型重新定义。重新定义时需用到关键字 typedef,定义方法如下:

typedef 已有的数据类型 新的数据类型名;

其中,"已有的数据类型"是指 C 语言中所有的数据类型,包括结构、指针和数组等;"新的数据类型名"可按用户习惯或需要决定。关键字 typedef 的作用是将 C 语言中已有的数据类型做了置换,可用置换后的新数据类型名定义变量。例如:

```
typedef int word;        //定义 word 为新的整型数据类型名
word i,j;                //将 i,j 定义为 int 型变量
```

在这个例子中,先用关键字 typedef 将 word 定义为新的整型数据类型,定义的过程实际上是用 word 置换了 int,因此下面就可以直接用 word 对变量 i、j 进行定义。而此时 word 等效于 int,所以 i、j 被定义成整型变量。

一般而言,对 typedef 定义的新数据类型用大写字母表示,以便与 C 语言中原有的数据类型相区别。另外还要注意,用 typedef 可以定义各种新的数据类型名,但不能直接用来定义变量。typedef 只是对已有的数据类型做了一个名字上的置换,并没有创造出一个新的数据类型,如前面例子中的 word,它只是 int 类型的一个新名字而已。

2.2.3 数 组

数组是一组具有固定数目和相同类型数组元素的有序集合,其数组元素的类型为该数组的基本类型,构成一个数组的各元素必须是同一类型的变量,不允许在同一数组中出现不同类型的变量。

数组数据是用同一个名字的不同下标访问的,如数组 a[i],当 i=0,1,2,……,n 时,a[0],

a[1],……,a[n]分别是数组 a[i]的元素(或成员)。数组有一维、二维、三维、多维数组之分。常用的有一维、二维数组和字符数组。

1. 数组的定义和赋值

1) 一维数组

数据类型　数组名[整型表达式]

如 char ch[10]定义了一个一维字符型数组,它有 10 个元素,每个元素由不同的下标表示,分别为 ch[0],ch[1],ch[2],……,ch[9]。注意:数组的第一个元素的下标为 0 而不是 1,即数组的第一个元素是 ch[0]而不是 ch[1],而数组的第十个元素为 ch[9]。

2) 二维数组

数据类型　数组名[常量表达式][常量表达式];

如 int a[3][5]定义了 3 行 5 列共 15 个元素的二维数组 a[][]。

二维数组的存取顺序是:按行存取,先存取第一行元素的第 0 列,1 列,2 列,……,直到一行的最后一列。然后返回到第二行开始,再取第二行的第 0 列,1 列,……,直到第二行的最后一列。……,如此顺序下去,直到最后一行的最后一列。

C 语言允许使用多维数组,有了二维数组的基础,理解掌握多维数组并不困难。例如,float a[2][3][4]定义了一个类型为浮点数的三维数组。

3) 数组的初始化

数组中的值,可以在程序运行期间用循环和键盘输入语句进行赋值。但这样做将耗费许多机器运行时间,对大型数组而言,这种情况更加突出。对此可以用数组初始化的方法加以解决。

所谓数组初始化,就是在定义说明数组的同时给数组赋新值。这项工作是在程序的编译中完成的。对数组的初始化可用以下方法实现:

① 在定义数组时对数组的全部元素赋予初值。

例:int idata a[6]={0,1,2,3,4,5};

　　int a[3][4]={{1,2,3,4},{5,6,7,8},{9,10,11,12}};

　　int a[3][4]={1,2,3,4,5,6,7,8,9,10,11,12};

② 只对数组的部分元素初始化。

例:int idata a[10]=(0,1,2,3,4,5);

　　int a[3][4]={{1},{5},{9}};

③ 若定义数组时对数组的全部元素均不赋予初值,则数组的全部元素默认赋值为 0。

例:int idata a[10];则 a[0]~a[9]全部被赋初值 0。

2. 字符数组

用来存放字符数据的数组是字符数组。在字符数组中,一个元素存放一个字符,因此可以用字符数组存储长度不同的字符串。

(1) 字符数组的定义

字符数组的定义与前面的数组定义方法类似。如 char a[10],定义 a 为一个有 10 字符的一维字符数组。

(2) 字符数组置初值

字符数组置初值最直接的方法是将各字符逐个赋给数组中的各个元素。如"char a[10]={'B','E','I',' ','J','I','N','G','\0'};"定义了一个字符型数组 a[],有 10 个数组元素,并且将 9 个字符(其中包括一个字符串结束标志'\0')分别赋给了 a[0]~a[8],剩余的 a[9]被系统自动赋予空格字符。其状态如下所示:

a[0]	a[1]	a[2]	a[3]	a[4]	a[5]	a[6]	a[7]	a[8]	a[9]
B	E	I		J	I	N	G	\0	

C 语言还允许用字符串直接给字符数组置初值,其方法有以下两种形式:

  char a[10]={"BEI JING"};

  char a[10]="BEI JING"。

用双引号""括起来的一串字符,称为字符串常量。比如"Happy",C 编译器会自动地在字符末尾加上结束符'\0'(NULL)。用单引号''括起来的字符为字符的 ASCII 码值,而不是字符串。比如'a'表示 a 的 ASCII 码值 97;而"a"表示一个字符串,它由两个字符 a 和\0 组成。

一个字符串可以用一维数组来装入,但数组的元素数目一定要比字符多一个,以便 C 编译器自动在其后面加入结束符'\0'。

若干个字符串可以装入一个二维字符数组中,称为字符数组。数组的第一个下标是字符串的个数,第二个下标定义每个字符串的长度,该长度应当比这批字符串中最长的串多一个字符,用于装入字符串的结束符'\0'。比如 char a[60][81]定义了一个二维字符数组 a,可容纳 60 个字符串,每串最长可达 80 个字符。

  例:uchar code msg[][17]={{"This is a test",\n),

        {"message 1",\n },{"message 2",\n }};

这是一个二维数组,第二个下标必须给定,因为它不能从数据表中得到,第一个下标可默认由数据常量表决定(本例中实际为 3)。

2.2.4 指 针

指针有两个基本概念,即变量的指针和指向变量的指针变量(简称指针变量)。变量的指针就是变量的地址。若有一个变量专门用来存放另一个变量的地址(即指针),则该变量称为指向变量的指针变量(简称指针变量)。指针变量的值是指针。

第 2 章 C51 程序设计

1. 指针变量的定义

指针变量是含有一个数据对象地址的特殊变量,有关的运算符有两个,即取地址运算符 & 和间接访问运算符 * 。例如, &a 为地址, *P 为指针变量所指向的变量。指针变量的定义与一般变量的定义类似,其一般形式为:

　　　　数据类型[存储器类型]　*指针变量名;

其中,"数据类型"说明了该指针变量所指向变量的类型,存储器类型为可选项,是 C51 编译器的一种扩展。

指针变量在定义中允许带初始化项。例如,

　　int i, * ip = &i;

是用 &i 对 ip 初始化,而不是对 *ip 初始化。与一般变量一样,对外部或静态指针变量,在定义中若不带初始化项,指针变量被初始化为 NULL,其值为 0。C51 中规定,当指针值为 0 时,指针不指向任何有效数据,有时也称该类指针为空指针。因此,当调用一个返回指针的函数时,常使用返回值为 NULL 来指示函数调用中某些错误情况的发生。下面是指针变量定义的例子:

```
char xdata * p1;    //在 xdata 存储器中定义一个指向对象类型为 char 的基于存储器的指针
int * p2;           //指向一个指向对象类型为 int 的一般指针
```

2. 指针变量的引用

指针变量中只能存放地址,在使用中不要将一个整数赋给一个指针变量。下面的赋值是不合法的:

```
int * p;
p = 100;
```

假设

```
int i = 35, x;
int * p;
```

这里定义了两个整型变量 i,x,还定义了一个指向整型数的指针变量 p。i,x 中可存放整数,而 p 只能存放整型变量的地址。

变量定义:

　　int i,x,y, * px, * py;

变量赋值:

```
p = &i;        //将变量 i 的地址赋给指针变量 p,使 p 指向 i
* p + = 1;     //等价于 i + = i;
```

```
(*p)++;                    //等价于i++;
```
指向相同类型数据的指针之间可以相互赋值,例如:
```
px = py;
```
假如原来指针 px 指向 x、py 指向 y,经上述赋值后,px 和 py 都指向 y。

3. 指针的地址运算

① 赋初值。指针变量的初值可以是 NULL(零),也可以是变量、数组、结构以及函数等地址。例如:
```
int a[10],b[5];
char * cptr1 = NULL;
int * iptr1 = &a[6];
int * iptr2 = b;
```

② 指针与整数的加减。指针可以与一个整数或整数表达式进行加减运算,从而获得该指针当前所指位置前面或后面某个数据的地址。假设 p 为一个指针变量,n 为一个整数,则 p±n 表示离开指针 p 当前位置的前面或后面第 n 个数据的地址。

③ 指针与指针相减,其结果为一个整数值,但并不是地址,而是表示两个指针之间的距离或成员的个数。这两个指针必须指向同一类型的数据。

④ 指针与指针的比较。指向同一类型数据的两个指针可以比较运算,从而获得两指针所指地址的大小关系。在计算指针地址的同时,还可以间接取值运算,间接取值的地址应该是地址计算后的结果,并且必须注意运算符的优先级和结合规则。设 p1、p2 都是指针,对于"a=*p1++;",由于运算符 * 和 ++ 具有相同的优先级而指针运算具有右结合性,按左结合原则,有 ++、* 的运算次序,而运算符 ++ 在 p1 的后面。因此,上述赋值运算的过程是首先将指针 p1 所指的内容赋值给变量 a,然后再指向下一数据,表明是地址增加而不是内容增加。对于"a=*(--)p1;",按左结合原则有 --、* 的运算次序,而运算符 -- 在 p1 的前面,因此首先将 p1 减 1,即指向前面一个数据,然后再把 p1 此时所指的内容赋值给变量 a。对于"a=--(*p2)++;",由于使用括号()使结合次序变为 *、++,因此首先将所指的内容赋值给变量,然后再把所指的内容加 1,表明是内容增加而不是地址增加。

4. 函数型指针

函数不是变量,但它在内存中仍然需要占据一定的存储空间,如果将函数的入口地址赋给一个指针,该指针就是函数型指针。由于函数型指针指向的是函数的入口地址,因此可用指向函数的指针代替函数名来调用该函数。函数与变量不同,函数名不能作为参数直接传递给另一个函数。但利用函数型指针可将函数作为参数传递给另一个函数。此外,还可以将函数型指针放在一个指针数组中,则该指针数组的每一个成员都是指向某个函数的指针。定义一个函数型指针的一般形式为：

　　　　数据类型（＊标识符）（　）

其中，"标识符"就是所定义的函数型指针变量名，"数据类型"说明了该指针所指向的函数返回值的类型。如"int(＊func1)();"定义了一个函数型指针变量func1，它所指向的函数返回整型数据。函数型指针变量专门用来存放函数入口地址，在程序中把哪个函数的地址赋给它，它就指向哪个函数。在程序中可以对一个函数型指针多次赋值，该指针可以先后指向不同的函数。给函数型指针赋值的一般形式为：

　　　　函数型指针变量名＝函数名

如果有一个函数 max(x,y)，则可以用以下赋值语句将函数的地址赋给函数型指针 func1，使 func1 指向函数 max：Func1＝max。

引入了函数指针后，对函数的调用可采用两种方法。例如，程序中要求将函数 max(x,y) 的值赋给变量 z，可采用以下方法：

z = max(x,y);
z = (＊func1)(x,y);

用这两种方法实现函数调用的结果完全一致。如果采用函数型指针调用函数，必须预先对该函数指针进行赋值，使其指向所需调用的函数。

函数型指针通常用来将一个函数的地址作为参数传递到另一个函数。这种方法在调用的函数不是某个固定函数的场合特别适用。

5. 返回指针型数据的函数

在函数的调用过程结束时，被调用的函数可以带回一个整型数据、字符型数据等，也可以带回一个指针型数据，即地址。这种返回指针型数据的函数又称为指针函数，其一般定义形式为：

　　　　数据类型　＊函数名(参数表);

其中，"数据类型"说明了所定义的指针函数在返回时带回的指针所指向的数据类型。例如，int＊p(a,b)定义了一个指针函数＊p，调用它以后可以得到一个指向整型数据的指针，即地址。在指针函数＊p的两侧没有括号()，与函数型指针是完全不同的，使用时要注意区分。

6. 指针数组

由于指针本身也是一个变量，指针数组适用于指向若干个字符串，使字符串的处理更为方便。指针数组的定义方法与普通数组完全相同，一般形式为：

　　　　数据类型　＊数组名[数组长度]

例如，

int ＊b[5];　　　　//指向整型数据的2个指针
char ＊sptr[5];　　//指向字符型数据的5个指针

指针数组在使用前往往需要先赋初值。使用指针数组最典型的场合是通过对字符数组赋初值而实现各维长度不一致的多维数组的定义。

7. 指针型指针

指针型指针所指向的是另一个指针变量的地址，故有时称为多级指针。定义一个指针型指针变量的一般形式为：

　　　数据类型 ＊＊指针变量名

其中，"数据类型"说明一个被指针型指针指向的指针变量所指向的变量数据类型。

2.2.5 结构与联合

1. 结　构

结构是一种构造类型的数据，是将若干个不同类型的数据变量有序地组合在一起形成的一种数据集合体，组成该集合体的各个数据变量称为结构成员，整个集合体使用一个独立的结构变量名。一般来说，结构中的各个变量之间存在某些关系，由于结构是将一组相关联的数据变量作为一个整体来处理的，因此在程序中使用结构将利于对一些复杂而又具有内在联系的数据进行有效的管理。

(1) 结构变量的定义

结构也是一种数据类型，可以使用结构变量，因此像其他类型的变量一样，在使用结构变量时要先对其定义，其一般形式为：

struct 结构名
{　类型变量名
　　类型变量名
　　⋯
}结构变量;

结构名是结构的标识符不是变量名，其类型为数据类型，包括整型、浮点型、字符型、指针型和无值型。在 C51 中，为结构提供了连续的存储空间，成员名用来对结构内部进行寻址。例如，定义一个日期结构类型 date，结构变量 d，它由 3 个成员组成，定义格式如下：

struct date
{　int year;
　　char month,day;
}d;

如果需要定义多个具有相同形式的结构变量，可以先作结构说明，再用结构名来定义变量。例如：

struct date d1,d2,d3⋯;

如果省略结构名,则称为无名结构。这种情况常常出现在函数内部,不过为了便于记忆和以备将来定义其他结构变量的需要,一般还是不要省略结构名。

结构类型与结构变量是两个不同的概念。定义一个结构类型时只是给出了该结构的组织形式,并没有给出具体的组织成员。因此结构名不占用任何存储空间,也不能对一个结构名进行赋值、存取和运算。而结构变量是一个结构中的具体成员,编译器会给具体的结构变量名分配确定的存储空间,因此可以对结构变量名进行赋值、存取和运算。

(2) 结构变量的引用

结构是一个新的数据类型,因此结构变量也可以像其他类型的变量一样赋值、运算,不同的是结构变量以成员作为基本变量。结构成员的一般形式为:

　　结构变量.成员名

如果将其看成一个整体,则这个整体的数据类型与结构中成员的数据类型相同。

(3) 结构变量的初始化

使用结构变量之前,要对其进行初始化。例如:

```
struct
{   long int num;              //学号
    char name[20];             //姓名
    char sex;                  //性别
    char addr[25];             //地址
}a = {04261,"li ming","w","333 xiangguang road"};
```

应注意,不能在结构体内部给变量赋初值。

2. 联 合

联合也是一种新的数据类型。一个联合中可以包含多个不同类型的数据成员,如可以将一个 float 型变量、一个 int 型变量、一个 char 型变量放在同一个地址开始的内存单元中。以上 3 个变量在内存中的字节数不同,但却都从一个地址开始存放,即采用了覆盖技术。该技术可使不同的变量分时使用同一个内存空间,提高内存的利用效率。

(1) 联合的定义

定义联合类型变量的一般形式为:

union 联合类型名
{   数据类型　成员名;
    数据类型　成员名;
    …
}联合变量名;

联合类型与结构类型的定义形式相似,但在内存分配上两者有本质区别。结构变量占用的内存长度是其中各个成员占用内存长度的总和,而联合变量占用的内存长度取决于其中最长成员的长度。

(2) 联合变量的引用

引用联合成员的一般形式为：

  联合变量名.成员名 或 联合变量名→成员名

引用联合成员时,要注意联合变量用法的一致性。联合类型中定义的各个不同类型的成员可以分时赋值给变量,而所读取变量的值是最近放入的某一成员的值。因此,在表达式中对它进行处理时,必须注意其类型与表达式所要求的类型保持一致,否则将导致程序运行出错。不能只引用联合变量,如"printf("%f",a)"是错误的。因为变量可能是联合3种类型,分别占用不同长度的内存空间;若在引用时只写联合变量名,则系统难以确定应输出哪一个联合成员的值,应该写为"printf("%f",a.i);"。

联合类型的数据可以采用同一个内存段来存放几种不同类型成员的值。但在每一瞬间只能存放其中一种类型的成员,而不能同时存几种,即每一瞬间只有一个成员起作用。起作用的是联合中最后一次存放的成员,如存入了一个新的成员,则上次存入的成员就失去作用。

例如,

a.i=20.78;
a.j=76;
a.k=10;

在执行以上3条赋值语句后,只有a.k是有效的,a.i和a.j都已失去作用。因此在引用联合变量时,一定要注意当前在联合变量中存放的究竟是哪一个成员。不能直接对联合变量进行赋值,也不能在定义联合变量时对它初始化。联合变量不能作函数的参数,但可以使用指向联合变量的指针。联合可以出现在结构和数组中,结构和数组也可以出现在联合中。

2.3 运算符与表达式

表达式由运算符及运算对象构成,可以组成C语言程序的各种语句。运算符按其在表达式中的作用可以分为赋值运算符、算术运算符、关系和逻辑运算符、自增自减运算符和位运算符等。

(1) 赋值运算符

赋值运算符"="的使用形式为"变量或数组元素=表达式",表示把表达式的内容写入到"="左边的变量或数组中去。如果"="两边数据类型不一致,则需要将右侧的数据转换为与左侧数据类型相同的类型。另外,C51中提供了11种复合赋值运算符"+=、-=、*=、/=、%=、<<=、>>=、|=、&=、~=、^="。

(2) 关系和逻辑运算符

关系运算符用来比较和判断两个表达式或变量之间的关系,一共分6种关系运算符:

第2章 C51程序设计

"<、<=、>、>=、==、!=",用关系运算符将两个表达式连接起来的式子称为关系表达式。

关系表达式的值只能有两种可能:"1"和"0",所以一般用它来判断是否满足条件。

[例 2-1] 如果 a 等于 b,则输出 a。

```
#include <stdio.h>
void main()
{int a,b;
a = b = 5;              //a,b 赋值后都等于 5
if(a == b)
printf("%d",&a);}       //括号里语句为"1",所以执行 if 语句的 printf 函数
```

逻辑运算包括3种:逻辑与运算"&&",逻辑或运算"||"和逻辑非运算"!"。运算结果也只有"0"和"1"。

例如,

```
a&&b        //如果 a,b 都为真,则(a&&b)为真
a||b        //如果 a,b 中有一个为真,则(a||b)为真
!a          //若 a 为真,!a 为假
```

(3) 自增自减运算符

自增自减运算符可以使变量自动加1或减1。

例如,"++i"表示 i 在使用前先加1,而 i++ 表示 i 在使用后再加1。自减运算符的使用方法和自增运算符的使用方法一样。

例如,

```
int a = 5;
int b,c;
b = a++;        //a 先赋值给 b(使用)再加 1,结果使 a 等于 6,b 等于 5
c = ++a;        //a 先加 1 等于 7 再赋值给 c(再使用),c 等于 7
```

(4) 位运算符

由于单片机可以控制到每个端口的某一位,所以位的相关操作就尤为重要。例如,想要控制连接 P0^1 口的二极管熄灭,则需要 P0 口和"11111110"相"与",即 P0&0xfe。表 2-4 列出了 Keil C51 中的 6 种位运算符。

表 2-4 6 种位运算符

~	&			^	<<	>>
按位取反	按位与操作	按位或操作	按位异或	左移操作	右移操作

设"int a＝0x0b,int b＝0x05;",则有:

1) 位取反运算"~"

每个二进制位 1 做取反运算。~a 结果为 0x04。

2) 按位与运算"&"

相"与"的两位都是 1 结果为 1;否则,结果为 0。a&b 结果为 0x01。

3) 按位或运算"|"

相"或"的两位有一位是 1,结果为 1;否则,结果为 0。a|b 结果为 0x0f。

4) 按位异或运算"^"

相"异或"的两位相同结果为 0,否则结果为 1。a^b 结果为 0x0e。

5) 位左移运算"<<"

将二进制数左移若干位,左边移出的数舍弃,右边补 0。a<<2 后 a 等于 0x0c。

6) 位右移运算">>"

与左移运算相反。b>>2 后 b 等于 0x01。

2.4 流程控制语句

C51 是一种结构化的语言,由几个基本结构构成一个模块,又由几个模块构成整个程序。C51 的基本流程控制结构分为以下 3 种:

① 顺序结构:最基本、最简单的结构,程序由上向下顺序执行代码。

② 条件选择结构:根据条件判断选择执行语句,可分为 if 和 switch 语句。

③ 循环结构:循环执行某一程序,可分为 while,do while 和 for 语句 3 种类型。

2.4.1 条件语句

条件语句根据所给条件的成立与否来决定是否执行语句,由关键字 if 和 else 构成。C 语言提供 3 种形式的条件语句:

1) 单分支结构:

  if(表达式)语句 1;

只有一条语句,表达式的真值为"1"则执行;否则,跳出 if 语句继续向下执行。

2) 双分支选择结构:

  if(表达式)语句 1

  else 语句 2;

表达式的真值为"1"则执行语句 1;不成立,则执行语句 2。

3) 多分支选择结构

  if(表达式 1)语句 1;

```
    else if (表达式 2)语句 2;
    else if(表达式 n-1)语句 n-1;
    …
    else 语句 n;
```

其意义为,先判断表达式 1 的真值,如果其值为"1"则执行语句 1,执行完后跳出该 if 结构;否则再判断表达式 2,若条件 2 成立则执行语句 2,执行完后跳出该 if 结构;否则再判断表达式 3……

[例 2-2] 判断数 a 是否大于 100,如果大于 100 则 a 赋值为 100,否则 a 赋值 0。

```
void main()
{int a = 103;
if(a>100)a = 100
else a = 0;}
```

2.4.2 while 语句

C 语言程序设计中,某段程序常常需要重复执行,这就需要用循环结构,其特点是当给定条件成立时反复执行相应程序,直到条件不成立为止。

循环结构一般包括 4 个部分:
① 初始化循环变量的设置;
② 循环体程序段;
③ 循环控制(通过修改循环变量来控制是否继续循环)
④ 判断不满足条件时,结束循环。

while 语句就是一种典型的循环结构,while 语句的结构形式为:
    while(条件表达式){ 循环体语句;}

其意义为,首先计算条件表达式的值,当值为真或"1"时,执行循环体语句,执行完循环体语句回到条件表达式再次判断,直到不满足条件跳出此循环语句。

[例 2-3] 求正数 1~100 的和。

```
void main()
{int sum = 0;              //sum 的初始值等于 0
int i = 1;                 //……①
while(i< = 100)            //……②
{sum = sum + i;
i ++ ; }                   //……③
}
                           //结果 sum 等于 5050……④
```

第①步初始化变量,使 i 等于 1;第②步进入 while 循环语句,判断 i 是否小于等于 100,满足条件执行循环体语句,即③;第③步执行循环体,使i++,执行完毕回到②继续重复判断,直到不满足条件跳出②;第④步结束循环体完成执行。

2.4.3 do-while 循环语句

do-while 语句与 while 语句不同的是在 while 之前添加了 do 语句,即把执行语句提到 while 之前,它是先执行循环体语句再判断是否满足条件,所以循环体内的语句至少会执行一次,do-while 语句的结构形式为:

do{循环体语句;} while(条件表达式);

[例 2-4] 用 do-while 语句求正数 1~100 的和。

```
void main()
{int sum = 0;              //sum 的初始值等于 0
int i = 1;
do{sum = sum + i;
i ++ ;}
while(i<=100);}            //结果 sum 等于 5050,这里功能和单独 while 语句相同
```

2.4.4 for 循环

for 语句使用最为灵活,可以代替 while 语句,但实际上它们的内部运行过程是相同的。for 循环的结构形式为:

for(初始化表达式;条件判断表达式;增量表达式){循环体;}

执行 for 语句的步骤如下:

① 执行初始化表达式进行变量的初始化;

② 执行条件判断表达式,如果满足条件则执行循环体语句并跳至③步,不满足则跳出 for 循环;

③ 执行增量表达式,使变量改变并跳至②步。

[例 2-5] 用 for 循环语句完成 1~100 自然数的和。

```
void main()
{int sum = 0;
int i;
for(i = 1;i<=100;i++)
sum = sum + i; }           //sum = 5050
```

for 语句的另一种写法为:

```
void main(void)
{int sum = 0;
```

```
int i = 1;
for(;i< = 100;)
{sum = sum + i;
i + + ;}}                    //执行结果不变
```

注：初始化可以写在 for 语句之前，而增量表达式可以写到循环体里面，但";"需要保留。

2.4.5 switch 语句

switch 语句是一种用来实现多方向条件分支的语句。虽然采用条件语句也可以实现多方向条件分支，但是当分支较多时会使条件语句的嵌套层次太多，程序冗长，可读性降低。switch 语句可直接处理多分支选择，使程序结构清晰，使用方便，一般形式如下：

```
switch(表达式)
{case 常量表达式 1：语句 1;break;
case 常量表达式 2：语句 2;break;
…
default：语句 n;
}
```

switch 语句的执行步骤为：计算表达式的值，并逐个与其后的常量表达式值相比较，当表达式的值与某个常量表达式的值相等时执行其后的语句，不匹配则不执行后面的语句。break 语句表示跳出该 switch 语句，如果没有一个满足条件，则执行 default 语句。另外 default 语句也可以不写，表示不匹配任何常量表达式时直接跳出 switch 语句。在实际应用中，常用 switch 语句来判断按键输入。

[例 2 - 6] 根据按下的键值在数码管显示出值是多少。

```
switch(key_value)
{case 1：LedDisp(1); break;
case 2：LedDisp(2); break;
case 3：LedDisp(3); break;
…}
```

变量 key_value 值如果为 1，则执行 case 1 后的语句，调用 LedDisp(1)函数，显示键值后执行 break 语句跳出 switch 语句。

switch 可以转换成 if 语句，即上例可以改成：

```
if(key_value = 1)LedDisp(1);
else if (key_value = 2)LedDisp(2);
else if (key_value = 3)LedDisp(3);
elseLedDisp(4);
```

由此看来，多个 if else 有时会弄得层次不清，读者选择使用时应当权衡利弊。

2.4.6　break 语句与 continue 语句

break 语句是一种特殊的转移语句,用来终止后面的执行语句或立即结束循环。它只能跳出所在的那层程序段,一般用于 switch 语句和循环语句。

continue 语句也是一种跳转语句,一般用在循环结构中,功能是结束本次循环进入下一次循环。continue 与 break 语句的区别在于 continue 语句只是结束本次循环而不会终止整个循环语句,break 语句则是终止整个循环。

[例 2-7]　continue 与 break 语句的不同功能。

用 continue 语句实现:

```
#include<stdio.h>
    void main(void)
    {int a=1;
        while(1)
        {a++;
            printf("a=%d\n",a);
            if(a==10)continue;}}
```

用 break 语句实现:

```
#include<stdio.h>
    void main(void)
    {int a=1;
    while(1)
        {a++;
        printf("a=%d\n",a);
            if(a==10)break;}}
```

运行结果为:continue 语句使程序进入死循环,而 break 只会输出到 a 等于 10 跳出循环体。

2.4.7　返回语句 return

return 语句用于终止函数体的执行,返回到调用函数的位置,并根据函数的类型返回不同的值。return 语句的形式为:

　　　return(表达式);

　　或 return;

第一种形式表示要计算表达式的值,并将表达式的值作为该函数的返回值;第二种形式表示返回到主调用函数的位置时,返回值不确定,一般用作执行完成某个函数的功能却不要求返回值的场合。

2.5 函　数

函数是 C 语言中的一种基本模块，实际上一个 C 语言程序就是由若干个模块化的函数所构成的。C 语言程序总是由主函数 main() 开始；main() 函数是一个控制程序流程的特殊函数，是程序的起点。在进行程序设计的过程中，如果所设计的程序较大，一般应将其分成若干个子程序模块，每个子程序模块完成一种特定的功能。在 C 语言中，子程序就是用函数来实现的。对于一些需要经常使用的子程序可以按函数来设计，并且可以将自己设计的功能函数做成一个专门的函数库，以供反复调用，这种模块化的程序设计方法可以大大提高编程效率。此外，C51 编译器还提供了丰富的运行库函数，用户可以根据需要随时调用。

2.5.1　函数的定义

C 语言是一种结构化语言，在执行程序时，main 函数是程序执行的入口。函数可分为系统函数和用户自定义函数两种，用户自己定义函数时可以自己命名函数。系统函数是系统自带的函数，用户调用的时候只需要在程序开始中包含相关的头文件，则程序中可以通过调用系统函数或用户自定义的子函数来实现特定功能。用户定义函数的一般形式如下：

　　　　函数类型 函数名(形参列表)
　　　　{ 函数体(程序);}

函数必须遵循先定义后使用的原则，否则系统不能识别函数名。函数的类型是由函数的返回值决定的，如果函数返回整型值，则函数的类型为 int；如果不返回任何值，则函数类型为 void。形参列表中列出的是在主调用函数与被调用函数之间传递数据的形式参数，形式参数的类型必须加以说明。

[例 2-8]　用子函数调用实现两个数的较大值。(其中 a!=b)

```
int max(int a,int b)              //在 main()函数前先写子函数,应此不再需要声明此函数了
    {if (a>b)
    return a;
    else return b;}
void main(void)                   //程序执行的入口
    {int a,b,c;                    //程序按顺序向下执行
    a = 10;
    b = 19;
    c = max(a,b);                  //调用 max()函数后返回较大值再赋给 c
}
```

2.5.2　函数调用

函数调用就是在一个函数体中调用一个已定义了的函数，前者称为主调用函数，后者称为

被调用函数。函数调用时,只需要写出被调函数的名字,并且在参数列表里给出具体参数。函数的一般调用形式为:

  函数名(实参列表);

  函数名指出调用了哪个函数,实际参数列表列出了传递给被调函数的值,多个参数间以逗号分开,在调用函数时,实际参数会一一对应地传给形式参数。当然,参数列表也可以为空,即不传递任何参数(数据)。

  函数声明的形式如下:

    类型 函数名(参数列表);

  较短的程序可以不用子函数的调用形式,而较复杂的程序需要实现的功能则比较多,程序出错后也不易修改;如果把程序划分成多个不同的子函数,则不仅便于修改,也便于调试。

2.5.3 中断服务函数

  计算机正常执行程序时,由于系统出现了某些需要紧急处理的事务或特殊请求,计算机停止当前执行的程序转而处理这些紧急情况,处理完毕后再返回到原来程序被停止执行的位置继续执行的过程叫做中断。

  在51单片机中,中断共分为2个优先级及5个中断源:

  ① 外部中断请求0中断,由INT0输入。

  ② 外部中断请求1中断,由INT1输入。

  ③ 单片机内定时器/计数器0溢出中断请求。

  ④ 单片机内定时器/计数器1溢出中断请求。

  ⑤ 单片机内串行口发送/接收中断请求。

  在52单片机中,除了以上5个中断外,还增加了一个片内定时器/计数器2溢出中断。

  52单片机的中断向量如表2-5所列:

    在Keil C51程序中,中断是以子函数的形式出现的,格式如下:

    void 函数名() interrupt n using m

  函数名可由用户自己命名,interrupt为关键字,后面跟中断向量号($n=0\sim5$)。8051系列单片机可以在内部RAM中使用4个不同的工作寄存器组,每个寄存器组中包含8个工作寄存器(R0~R7)。C51编译器扩展了一个关键字using,专门用来选择8051单片机中不同的工作寄存器组。using关键字后面跟0~3,表示选择8051单片机的0~3号4个不同工作寄存器组来使用,using也可以省去,此时由系统自动分配用户寄存器。需要注意的是,关键字using和interrupt后面不允许跟一个带运算符的表达式,关键字interrupt也不允许用于外部函数。

第2章 C51程序设计

表2-5 52单片机的中断向量

中断向量 n	中断源	中断向量地址 $8n+3$	中断优先级
0	外部中断0	0003H	高
1	定时器/计数器0溢出	000BH	↓
2	外部中断1	0013H	
3	定时器/计数器1溢出	001BH	
4	串行口中断	0023H	低
5	定时器/计数器2溢出	002BH	

[例2-9] 利用中断子函数来控制二极管灯的亮灭,要求间隔为1 s。(时钟频率=11.059 2 MHz)

```c
#include <reg52.h>
unsigned char count = 20;
void main(void)
{ TMOD = 0x11;           //设置T0,T1两个定时器的工作方式为16位计数方式
  TH1 = 0x4c;
  TL1 = 0x00;            //设置T1定时器的初始值为0x4c00
  ET1 = 1;               //允许T1定时器中断
  PT1 = 1;               //设置T1定时器中断为高优先级
  EA = 1;                //允许总中断(开中断)
  TR1 = 1;               //设置T1开始计时
  P1 = 0;                //P1口接八个发光二极管,低电平有效,点亮
  while(1);
}
void int50ms() interrupt 3
{ TR1 = 0;               //关定时器T1
  TH1 = 0x4c;
  TL1 = 0x00;            //重新设置T1的初始值
  TR1 = 1;               //开定时器T1,开始计时
  count -- ;
  if(count == 0)
  {
    P1 = ~P1;            //P1取反表示与原来的状态相反
    count = 20;
  }
}                        //中断函数执行完毕
```

程序分析：中断子函数可以放到主函数 main() 以外的任何位置，主函数中对定时器进行初始化，并给定时器 T1 赋初始值 0x4c00，然后启动定时器 T1 开始加 1 计数，等待中断。当加到 0xffff 时，再加 1 则产生定时器 T1 中断。在中断函数中，先停止计数，重置定时器 T1 的初值 0x4c00，再启动 T1 开始下一次计数。由于定时器 T1 从 0x4c00 到 0xffff 所需的时间是 50 ms，为了达到 1 s 定时的目的，程序中设置了一个计数变量 count，初值为 20，中断函数每执行一次，count 减 1。当 count 减到 0 时，完成 1 s 定时，P1 取反。

注意：

① 中断不能进行参数传递，中断函数中包含任何参数声明都会导致编译错误。

② 中断函数没有返回值。

③ 中断服务函数不能被其他函数调用，只是由硬件产生中断后自动调用。

④ 如果中断里调用其他函数，则必须保证被调用函数所使用的寄存器和中断函数一样，这样需要用 using 来控制使用哪个寄存器，不过尽量不要在中断函数中调用其他函数。

⑤ 由于中断函数执行时对其他产生的中断并不响应，所以中断函数应尽可能简捷，这样使得中断函数的运行时间最短来保证实时性。

2.6 编译预处理

编译预处理器是 C 语言编译器的一个重要组成部分。在 C 语言中，预处理命令一般写在程序的最开头，适当地使用预处理命令能很大程度上增强 C 程序的灵活性和方便性。预处理命令可以在编写程序时加在需要的地方，但它只在程序编译时起作用，且通常是按行处理的，因此又称为编译控制行。C 语言的预处理命令类似于汇编语言中的伪指令，编译器在对整个程序进行编译之前，先对程序中的编译控制行进行预处理，然后再持预处理的结果与整个 C 语言源程序一起编译，以产生目标代码。C51 编译器的预处理器支持所有满足 ANSI 标准 X3J11 细则的预处理命令。常用的预处理命令有：宏定义、文件包含和条件编译。为了与一般 C 语言语句相区别，预处理命令由符号"♯"开头。

2.6.1 宏定义"♯define"指令

宏定义的作用是用一个字符串替换另一个字符串，可以使程序中的一些较长字符串使用方便，并且意义一目了然。宏定义的简单形式是符号常量定义，复杂形式是带参数的宏定义。

1. 不带参数的宏定义

不带参数的宏定义又称符号常量定义，一般格式为：

　　♯define 标识符 常量表达式

其中，标识符是定义的宏符号名(也称宏名)，作用是在程序中以指定的标识符来代替其后的常量表达式。利用宏定义可以在 C 语言源程序中用一个简单的符号名来代替一个很长的字符串;还可以使用一些有一定意义的标识符,提高程序的可读性。实际应用中,常将宏符号名用大写字母表示,以区别于变量名。宏定义不是 C 语言的语句,因此在宏定义行的末尾不能加分号;否则,在编译时将连同分号一起进行替换而导致出现语法错误。宏定义时可以引用已经定义过的宏符号名,即可以进行层层代换,但最多不能超过 8 级嵌套。需要注意的是预处理命令对于程序中用双引号括起来的字符串内的字符,既使该字符与宏符号名相同也不替换。

宏定义的作用范围在整个文件中,如果需在某个位置终止宏定义命令,则须使用"♯undef 标识符 常量表达式"命令。

[例 2-10] 用宏定义来求圆的面积。

```
♯define PI 3.1415926      //定义"PI"为 3.1415926
♯define R 1               //定义半径 R 为 1
♯define S PI*R*R          //定义圆的面积为 S
void main()
  {
   float s1;
   s1 = PI*R*R; }         //S1 等于半径为 1 的圆的面积
```

2. 带参数的宏定义

带参数的宏定义与符号常量定义的不同之处在于,对于源程序中出现的宏符号名不仅进行字符串替换,还要进行参数替换。带参数宏定义的一般格式为:

　　♯define 宏符号名(参数表) 表达式

其中,表达式内包含了在括号中所指定的参数,这些参数称为形式参数,在以后的程序中它们将被实际参数替换。

带参数的宏定义将一个带形式参数的表达式定义为一个带形式参数表的宏符号名,对程序中所有带实际参数表的该宏符号名,用指定的表达式来替换,同时用参数表中的实际参数替换表达式中对应的形式参数。带参数的宏定义常用来代表一些简短的表达式,它用来将直接插入的代码代替函数调用,从而提高程序的执行效率。例如,

```
♯define S(r) 3.14*r*r     //定义 S(r)为圆的面积
int area = S(5);          //使用时只需给出参数,此时 area 就等于圆的面积
```

带参数的宏定义可以引用已定义过的宏定义,即宏定义的嵌套(最多不超过 8 级)。例如,

```
♯define SQ(x) (x*x)
♯define CUBE(x) (SQ(x)*x)
♯define FIFTH(x) (CUBE(x)*SQ(x))
```

语句"y=FIFTH(a);"经宏展开后成为:y=(((a*a)*a)*(a*a));

带参数的宏定义在进行宏展开时,只是用语句中宏符号名后面括号内的实际参数字符串来替换#define命令行中的形式参数。因此,对于宏展开后容易引起误会的表达式,在进行宏定义时,应将该表达式用圆括号括起来。例如,"#define S(r) PI*r*r",对于语句"area=S(a);"经宏展开后成为"area=PI*a*a;",这时没有问题,但是对于如下语句:"area=S(a+b);"经宏展开后则成为"area=PI*a+b*a+b;",而程序设计者的原意是希望在展开后得到"area=PI*(a+b)*(a+b);",为此应按如下方式进行宏定义:

#define S(r) PI*(r)*(r)

注意,进行宏定义时,宏符号名与带参数的圆括号之间不能存在空格;否则,在宏展开时会将空格以后的所有字符作为实际字符串对前面的宏名进行替换。例如:

#define SQ (x)(x*x)

语句"y=SQ(5);"经宏展开后成为"y=(x)(x*x)(5);",这显然是一个错误的语句。原因就在于 SQ 与(x)之间存在空格,宏定义#define 将它们简单地作为符号常量定义,即误认为 SQ 代表(x)(x*x),所以展开后得出上述错误的语句。

宏定义命令#define 要求在一行内写完,若一行之内写不下时需用"\"表示下一行继续,例如,

#define PR(a,b) printf("%d\t%d\n",\
    (a)>(b)? (a):(b),(a)<(b)? (b):(a))

利用带参数的宏定义可以省去在程序中重复书写相同的程序段,实现程序的简化。

2.6.2 文件包含#include 指令

#include 指令的作用是指示编译器将该指令所指向的另一个源文件加入到自身文件中。文件包含的形式为:"#include <文件名>"或"#include"文件名""。

[例 2-11] 单片机基本头文件的包含。

```
#include<reg51.h>
void main()
{
P0 = ~P0; }         //51单片机的 P0 口取反
```

这个例子中,命令"#include<reg51.h>"指示编译器把系统里有关单片机文件包含进当前程序中,因此编译器能识别 reg51 相关的内容。如果不写"#include<reg51.h>"命令,则编译器不能识别"P0",编译不能通过。

2.7 C语言和汇编语言混合编程

C语言提供了丰富的库函数且具有强大的数据处理能力,编译器自动对寄存器、存储器进行管理,而汇编程序执行速度快,可以直接对存储器及硬件接口进行管理和控制,结合两种语言的优点,很多场合都需要程序中混合使用C语句和汇编语句。

1. C程序调用汇编程序的情况

- 外围设备驱动程序用汇编编写,主程序用C51编写。
- 部分程序要求较高的处理速度用汇编编写。
- 某些复杂的程序结构性强,需要用C51程序编写。

2. 混合编程的两种规则

(1) 函数名转换

在混合编程中,需要将调用每种语言编写的程序用单独的程序段表示,即C语言中用函数表示,汇编程序用子函数表示。调用时,函数名需要转换,规则如表2-6所列。

表2-6 函数名转换规则

C51中函数说明	汇编中的符号名	说明
void func(void)	FUNC	无参数传递或不含寄存器参数的函数名不改变,转入目标文件中,名字只是简单地转为大写形式
void func(char)	_FUNC	带寄存器参数的函数名加入"_"字符前缀以示区别,表明这类函数包含寄存器内的参数传递
void func(char) reentrant	_?FUNC	对于重入函数加上"_?"字符串前缀以示区别,表明该函数包含栈内的参数传递

(2) 参数传递和函数返回规则

当C语言主程序调用汇编子程序时,可能要传递参数给汇编程序。C语言能自动管理分配内存,而汇编语言需要指定,所以就必须约定用寄存器、固定存储器或堆栈方式来传递,如表2-7所列。

表2-7 参数传递的寄存器使用规则

参数类型	char	int	long, float	一般指针
第一个参数	R7	R6,R7	R4~R7	R1,R2,R3
第二个参数	R5	R4,R5	R4~R7	R1,R2,R3
第三个参数	R3	R2,R3	无	R1,R2,R3

这里利用了寄存器 R1~R7 来传递参数,而 CPU 寄存器最多只能传递 3 个参数。例如,function1(unsigned char a,int b,int * c)中的第一个参数 a 通过 R7 传递,第二个参数 b 通过 R4、R5 传递,第三个指针变量通过 R1、R2、R3 传递。

当汇编子程序需要返回值给调用它的函数时,返回值放入 CPU 寄存器中,其寄存器使用规则如表 2-8 所列。

表 2-8 汇编子程序返回值的寄存器使用规则

返回值	寄存器	说 明
bit	C	进位标志
(unsigned) char	R7	保存在 R7 中
(unsigned) int	R6,R7	高位在 R6,低位在 R7
(unsigned) long	R4~R7	高位在 R6,低位在 R7
float	R4~R7	32 位 IEEE 格式,指数和符号位在 R7
指针	R1,R2,R3	R3 放存储器类型,高位在 R2,低位在 R1

3. 在 Keil C51 语言中嵌入汇编

Keil 编译器允许直接插入一条或多条汇编语句,也可以调用汇编子程序,具体形式如下:

(1) 插入单条汇编语句的形式:

　　_asm "汇编语句";

例如:

void func()
{_asm "mov A,#02h";
_asm "mov B,#bfh"; }

(2) 插入连续多条汇编语句的形式:

　　#pragma ENDASM

　　汇编语句:

　　#pragma ASM

连续多条汇编语句形式需要将 SRC_CONTROL 激活。激活的步骤如下:

① 在 Keil 界面下,右击 project 窗口中包含汇编代码的.C 文件,选择 option for File 'Chapter 3.c',如图 2-1 所示。

② 选中右边的 Generate Assembler SRC File 和 Assemble SRC File,使复选框由灰色变为黑色可用,如图 2-2 所示。

[例 2-12] 编写程序从 P1.0 口输出方波。要求 Keil C 环境下 C51 程序中嵌入汇编程序段。

第2章 C51 程序设计

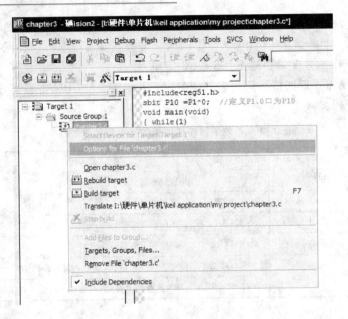

图 2-1 project 窗口

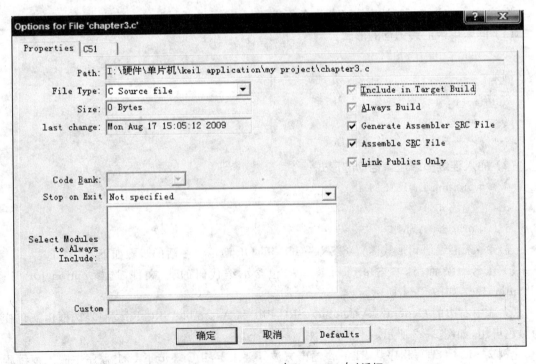

图 2-2 Option for File 'Chapter 3.c' 对话框

```c
#include<reg51.h>
    sbit P10 = P1^0;            //定义 P1.0 口为 P10
    void main(void)
{
    while(1)
    {
        P10 = ! P10;            //P10 口取反
        #pragma ASM             //汇编语句开始
        MOV R4,#18
        DJNZ R4,$               //延时等待
        #pragma ENDASM          //汇编程序结束
    }
}
```

第 3 章

51 单片机的内部资源

单片机的内部资源是其最基本的单元,要想理解单片机的工作原理,充分运用单片机的功能,必须了解单片机的内部资源。本章将介绍 80C51 单片机的内部资源,包括并行 I/O 口、中断系统、定时器/计数器和串行通信等内容。

3.1 并行 I/O 口

80C51 单片机有 4 个 8 位的 I/O 口(共 32 根线):P0、P1、P2 和 P3。各口结构大同小异,主要由接口锁存器、输出驱动和输入缓冲器组成。其中,P1、P2、P3 为准双向口,这些端口内均有上拉电阻,在读之前应先写入"1";否则,读入的数据可能有误。P0 口内无上拉电阻,是开漏极输出,又称为三态双向 I/O 口。各口均可作为字节输入/输出,同时每一条口线亦可单独用于位输出/输入。

4 个接口的具体结构及功能如下:

P0 口由 1 个输出锁存器、1 个转换开关 MUX、2 个三态输入缓冲器、输出驱动电路、1 个"与门"和 1 个反相器组成。当系统不进行扩展时,P0 口用作通用 I/O 接口;当系统进行扩展时,P0 口用作地址/数据总线,分时输出低 8 位地址和数据信息。

P1 口由 1 个输出锁存器、2 个三态输入缓冲器和输出驱动电路组成。P1 口是 80C51 唯一的单功能接口,仅能用作通用 I/O 接口。

P2 口由 1 个输出锁存器、1 个转换开关 MUX、2 个三态输入缓冲器、输出驱动电路和 1 个反相器组成。当不需要在单片机外部扩展程序存储器时,只需低 8 位的地址线,P2 口作为通用 I/O 口;否则,P2 口将作为地址总线以输出高 8 位。

P3 口由 1 个输出锁存器、3 个输入缓冲器、输出驱动电路和 1 个"与非门"组成。P3 口是双功能接口,除输出/输入外,每一条口线都有特殊的第二功能。

需要说明的是:4 个接口的输入/输出电平同 CMOS 电平、TTL 电平皆兼容,P0 口每条口线可以接 8 个 LSTTL(Low-power Schottky Transistor-Transistor Logic,低功耗肖特基晶体管-晶体管逻辑电路)负载,P1、P2、P3 每条口线可以接 4 个 LSTTL 负载。

3.2 中断系统

中断系统是单片机系统的重要内容之一,也是学习的难点。本节将介绍中断系统、中断控制器、如何用 C51 编写中断服务程序以及外部中断的扩充。

3.2.1 概　述

在计算机执行程序的过程中,某个特殊情况(或称为"事件")的出现使得暂时中止现行程序,而转去执行处理这一事件的处理程序,处理完毕之后再回到原来程序的中断点继续向下执行,这个过程就是中断,如图 3-1 所示。

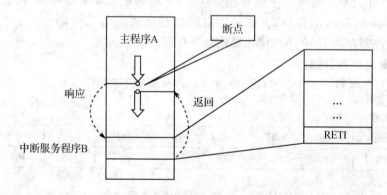

图 3-1　中断示意图

引起 CPU 中断的事件,称为中断源。中断源向 CPU 发出中断请求,CPU 暂时中断原程序,转去处理发出请求的事件,即中断响应。处理完毕后,再回到被中断的地方(断点)继续处理,即为中断返回。中断功能由中断系统(中断机构)实现。

80C51 系列单片机的中断系统有 5 个中断源,可分为 3 类,分别是:2 个外部中断、2 个定时中断、1 个串行中断。2 个优先级(即高优先级和低优先级)可实现二级中断服务嵌套。各中断源的优先级由中断优先级寄存器 IP 安排,而 CPU 是否响应中断请求则由中断允许寄存器 IE 控制。若同一优先级内各中断同时发出中断请求,则内部查询逻辑将确定其响应次序。80C51 系列单片机对每一个中断请求都对应有一个中断请求标志位,它们分别在特殊功能寄存器 TCON 和 SCON 相应的位中表示。

51 单片机的常用中断源和中断向量如表 3-1 所列。

表 3-1 中断源及编号

中断编号	中断源	入口地址	中断编号	中断源	入口地址
0	外部中断 0	0x0003	3	定时器/计数器 1 溢出	0x001B
1	定时器/计数器 0 溢出	0x000B	4	串行口中断	0x0023
2	外部中断 1	0x0013			

3.2.2 中断控制寄存器

中断控制是系统提供给用户控制中断的手段，即用户可通过控制寄存器来控制和使用中断系统。80C51 单片机中有 4 个中断控制寄存器，中断控制就是对这些寄存器进行位设置。这 4 个寄存器都是专用寄存器，分别是：定时器控制寄存器 TCON、串行口控制寄存器 SCON、中断允许寄存器 IE 和中断优先级控制寄存器 IP。

(1) 定时器控制寄存器

定时器控制寄存器(TCON)各位的位地址及位名称如下所示：

位序		D7	D6	D5	D4	D3	D2	D1	D0
字节地址 88H	位地址	0x8F	0x8E	0x8D	0x8C	0x8B	0x8A	0x89	0x88
	位符号	TF1	TR1	TF0	TR0	IE1	IT1	IE0	IT0

IE0(TCON.1)和 IE1(TCON.3)——外部中断请求标志位。

IT0(TCON.0)IT1(TCON.2)——外部中断请求触发方式控制位。当 IT0(IT1)=0 时，为电平触发方式，低电平有效；当 IT0(IT1)=1 时，为边沿触发方式，下降沿有效。

TF0(TCON.5)和 TF1(TCON.7)——定时计数溢出标志位。采用中断方式时，用作中断请求标志位；采用查询方式时，用作查询状态位。当定时/计数器产生溢出时，此位由硬件置 1，当转向中断服务时，由硬件自动清零。

(2) 串行口控制寄存器

串行口控制寄存器(SCON)各位的位地址及位名称如下所示：

位序		D7	D6	D5	D4	D3	D2	D1	D0
字节地址 98H	位地址	0x9F	0x9E	0x9D	0x9C	0x9B	0x9A	0x99	0x98
	位符号	SM0	SM1	SM2	REN	TB8	RB8	TI	RI

TI(SCON.1)——串行口发送中断请求标志位。

串行口发送数据时，每发送完一帧串行数据，则由硬件置位 TI=1。CPU 响应中断时，TI 必须由软件清除。

RI(SCON.0)——串行口接收中断请求标志位。

串行口接收数据时,每接收完一帧串行数据,则由硬件置位 RI=1。CPU 响应中断时,RI 必须由软件清除。

(3) 中断允许控制寄存器

中断允许控制寄存器(IE)各位的位地址及位名称如下所示:

字节地址 0A8H	位序	D7	D6	D5	D4	D3	D2	D1	D0
	位地址	0xAF	0xAE	0xAD	0xAC	0xAB	0xAA	0xA9	0xA8
	位符号	EA	—	—	ES	ET1	EX1	ET0	EX0

EA(IE.7)——CPU 中断允许总控制位。EA=0 时,表示 CPU 禁止所有中断,EA=1 时,表示 CPU 开放中断,各中断的禁止或允许由各中断源的中断允许控制位进行设置。

ES(IE.4)——串行口中断允许控制位。

ET1(IE.3)和 ET0(IE.1)——分别是定时器/计数器 T1 和 T0 中断允许控制位。

EX1(IE.2)和 EX0(IE.0)——分别是外部/INT1 和/INT0 的中断允许控制位。

(4) 中断优先级控制器

中断优先级控制器(IP)各位的位地址及位名称如下所示:

字节地址 0B8H	位序	D7	D6	D5	D4	D3	D2	D1	D0
	位地址	0xBF	0xBE	0xBD	0xBC	0xBB	0xBA	0xB9	0xB8
	位符号	—	—	—	PS	PT1	PX1	PT0	PX0

PX0(IP.0)和 PX1(IP.2)——分别是外部中断/INT0 和/INT1 优先级设定。

PT0(IP.1)和 PT1(IP.3)——分别是定时器/计算器 T0 和 T1 中断优先级设定位。

PS(IP.4)——串行接口中断优先级设定位。

以上某一控制位若置 0,则该中断源优先级低;若置 1,则该中断源优先级高。

3.2.3 C51 编写中断服务程序

C51 编译器支持在 C 语言源程序中直接编写 51 单片机的中断服务函数程序,从而使用户能编写高效的中断服务程序。中断服务程序定义为函数,为了能在 C 语言源程序中直接编写中断服务函数,C51 编译器要对函数的定义有所扩展。函数定义一般形式如下:

函数类型 函数名(形式参数表)[interrupt n][using m]

Interrupt n 表示将函数声明为中断服务函数,n 是中断编号,n 取 0~31 的整数。编译器从 8n+3 处产生中断向量,具体的 n 和中断向量取决于不同的 51 系列单片机芯片。

[例 3-1] 首先通过 P1.7 口点亮发光二极管,然后外部输入一个脉冲串,则发光二极管

亮、暗交替。电路如图3-2所示,程序如下:

```c
#include <reg51.h>
    sbit P1_7 = P1^7;
    void interrupt0() interrupt 0 using 2    //定义外中断0
    { P1_7 = ! P1_7; }
    void main()
    { EA = 0;                                 //禁止中断
      IT0 = 1;                                //设置外中断为脉冲触发方式
      EX0 = 1;                                //允许外部中断
      EA = 1                                  //开中断
      P1_7 = 0;
      while(1);                               //进入循环,等待中断
    }
```

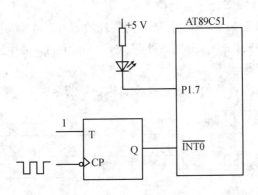

图3-2 发光二极管实验电路

3.2.4 外部中断的扩充

80C51单片机的外部中断数不应超过两个,但有两种简单可行的方法可以扩充其外部中断源,一种是用定时器/计数器做外部中断源,二是用查询方式扩展中断源。

1. 利用定时/计数器做外部中断源法

51单片机内部计数器是16位的,在允许中断的情况下,当计数从全1(0xFFFF)进入全0时,就产生溢出中断。如果把计数器的初值设置为0xFFFF,那么只要计数输入端加一个脉冲就可以产生溢出中断申请。如果把外部中断输入加到计数输入端,就可以利用外中断申请的负脉冲产生定时器溢出中断申请而转到相应的中断入口(0x000B或0x001B);只要那存放的是为外中断服务的中断子程序,就可以最后实现借用定时/计数器溢出中断转为外部中断的目的。具体方法如下:

① 置定时/计数器为工作模式2,且为计数方式,即8位的自动装载方式。这是一种8位计数器的工作方式,计数器低8位用来计数,高8位用来存放计数器的初值。当低8位计数器溢出时,高8位内容自动重新装入低8位,从而使计数可以重新按原规定的初值进行。

② 定时/计数器的高8位和低8位都预置为0xFF。

③ 将定时/计数器的计数输入端(P3.5、P3.4)作为扩展的外部中断请求输入。

④ 在相应的中断服务程序入口开始存放为外中断服务的中断服务程序。

[例3-2] 将定时器T0设定为方式2来代替一个扩充外中断源,TH0和TL0初值为0xFF,允许T0中断,CPU开放中断,写出借用定时/计数器0溢出中断为外部中断的初始化程序。

```
void main()
{
    TMOD = 0x06;           //置T0为工作模式2,计数方式
    TH0 = 0xFF;
    TL0 = 0xFF;            //计数器的初值置为FFFFH
    EA = 1;                //开总中断
    ET0 = 1;               //定时器0允许中断
    TR0 = 1;               //启动计数器
    ...
```

这样设置后,定时器0的输入就可以作为外部中断请求的输入,相当增加了一个边沿触发的外部中断源,其中,中断服务程序的入口地址为0x000B。

2. 用查询方式扩展中断源

当外部中断源比较多、借用定时器溢出中断也不够用时,可用查询方式来扩展外部中断源。图3-3是中断源查询方式的一种硬件连接方案。

设有4个外部中断源,EI1、EI2、EI3、EI4这4个中断请求输入端通过4个OC门反相器组成"线或"电路。只要4个中断请示EI1~EI4之中有一个或一个以上有效(高电平),就会产生一个负的$\overline{INT1}$信号向8051申请中断。

为了确定在$\overline{INT1}$有效时究竟是哪一个中断源发出的申请,就要通过对中断源的查询来解决。为此,4个外部中断源输入端分别接到P1.0~P1.3这4个引脚上,响应中断以后,在中断服务程序中CPU通过对这4条输入线电位的检测来确定是哪一个中断源提出了申请。如果4个外部中断源的优先级不同,则查询时就按照优先级由高到低的顺序进行。

这种中断源的查询和查询式输入/输出是不同的。查询式输入/输出是CPU不断地查询外部设备的状态,以确定是否可以进行数据交换。而中断源的查询则是在收到中断请求以后,CPU通过查询来认定中断源。这种查询只需进行一遍即可完成,不必反复进行。

第3章 51单片机的内部资源

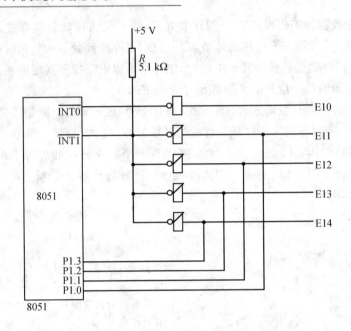

图 3-3 多外部中断源的硬件连接

3.3 定时/计数器

80C51单片机有2个具有定时和计数功能的定时器,即定时/计数器T0和T1。T0和T1都由2个8位特殊功能寄存器TH0(高8位)和TL0(低8位)组成。每个定时器都有不同的工作方式,可以工作在定时或计数的模式下。

3.3.1 工作方式

80C51单片机定时/计数器T0有4种工作方式,T1有3种工作方式。前3种工作方式,T0较之T1除所使用的寄存器、有关控制位和标志位不同外,其操作完全相同。因此,这里只以T0为例进行介绍。

1) 方式0

当TMOD的M1M0为00时,定时/计数器工作于方式0。方式0为13位计数工作方式,计数器由TL0的低5位(高3位无效)和TH0的全部8位构成,当TL0的低5位溢出时向TH0进位。TH0溢出时,将TCON中的计数溢出标志位TF0标志置1,向CPU发出中断请求。

当C/T=0时为定时器模式,且$N=t/T$(t为定时时间,N为计数个数,T为机器周期)。计数初值计算公式:$X=2^{13}-N$(X为计数初值,计数个数为1时,X为8 191;计数个数为

8 192 时，X 为 0）。当 $C/\overline{T}=1$ 时为计数模式，计数脉冲是 T0 引脚上的外部脉冲。

2）方式 1

当 M1M0 为 01 时，定时/计数器工作于方式 1，其操作方法与方式 0 基本相同，不同的仅是计数的位数。

方式 1 的计数位数是 16 位，TL0 为低 8 位，TH0 为高 8 位。计数个数与计数初值关系为：$X=2^{16}-N$（当计数个数为 1 时，X 为 65 535；当计数个数为 63 536 时，X 为 0）。

3）方式 2

当 M1M0 为 10 时，定时/计数器工作于方式 2。方式 2 为自动重装初值的 8 位计数方式，计数位数是 8 位，这一方式解决了前两种方式计数溢出后，计数器全为 0 及循环应用时反复重装初值的问题。TH0 为 8 位初值寄存器。当 TL0 计数溢出时，由硬件使 TF0 置 1 向 CPU 发出中断请求，并将 TH0 中的计数初值重新装载到 TL0 中。TL0 从初值重新开始加 1 计数，直至 TR0=0 才停止。计数个数与计数初值关系为：$X=2^8-N$（计数个数为 1 时，X 为 255；计数个数为 256 时，X 为 0）。

4）方式 3

方式 3 只适应于定时/计时器 T0。定时器 T1 处于方式 3 时相当于 TR1=0，停止计数。当 M1M0 为 11 时，T0 被设置为方式 3。

方式 3 时，T0 分成两个独立的 8 位计数器 TL0 和 TH0，TL0 可以使用 T0 的所有控制位。当 TL0 计数溢位时，由硬件使 TF0 置 1，向 CPU 发出中断请求。而 TH0 只能作为定时器使用，并且借用了 T1 的控制位 TR1、TF1。

此时，因 T1 的控制位 $C/\overline{T}$、M1M0 并未交出，原则上 T1 仍可按方式 0、1、2 工作，只是不能使用 TR1 和 TF1，也不能发出中断请求信号。为充分利用资源，T1 常作为串行接口波特率发生器工作于方式 2。

3.3.2 定时/计数器控制寄存器

80C51 单片机定时/计数器的工作由两个特殊功能的寄存器控制。TMOD 用于设置其工作方式；TCON 用于控制其启动和中断请求。

（1）定时控制寄存器(TCON)

前面已讲过 TCON 的中断控制功能，此处再介绍其定时控制功能，其中高 4 位是有关定时的控制位。

① TF0(TCON.5)和 TF1(TCON.7)——分别是定时/计数器 T0 和 T1 计数溢出中断请求标志位。当计数器计数溢位时，由硬件自动置 1。

② TR0(TCON.4)和 TR1(TCON.6)——分别是定时/计数器 T0 和 T1 的运行控制位。TR0(TR1)=0，停止 T0(T1)定时/计数器的工作。TR0(TR1)=1，启动 T0(T1)定时器/计数器的工作。此位由软件置 1 或清零，可以用软件控制定时器/计数器的启动和停止。

(2) 定时工作方式寄存器(TMOD)

TMOD 寄存器专门用于设定定时/计数器的工作方式,但 TMOD 不能位寻址,只能用字节传送指令设置其内容,CPU 复位时 TMOD 所有位清零,一般应重新设置其内容。低 4 位(D0 至 D3)用于 T0,高 4 位(D4 至 D7)用于 T1,如下所示:

位序	D7	D6	D5	D4	D3	D2	D1	D0
字节地址 89H								
位符号	GATE	C/$\overline{T}$	M1	M0	GATE	C/$\overline{T}$	M1	M0

TMOD 寄存器是 4 位一组的结构,只能 4 位、4 位地定义,因此不能位寻址。

① GATE——门控位。GATE=0 时,只要用软件使 TCON 中的 TR0 或 TR1 为"1",就可以启动定时器/计数器工作;GATE=1 时,用软件使 TR0 或 TR1 为"1",同时外部中断引脚 $\overline{INT0}$ 和 $\overline{INT1}$ 也为高电平时,才能启动定时器/计数器工作。

② C/$\overline{T}$——定时方式或计数方式选择位。C/$\overline{T}$=0,为定时工作方式;C/$\overline{T}$=1,为计数工作方式。

③ M1M0——工作方式选择位。

定时/计数器有 4 种工作方式,由 M1M0 进行设置,如表 3-2 所列。

表 3-2 定时/计数器工作方式的设置

M1	M0	工作方式	M1	M0	工作方式
0	0	方式 0	1	0	方式 2
0	1	方式 1	1	1	方式 3

3.3.3 定时/计数器的初始化

定时/计数器在使用时要按照具体情况进行初始化,其初始化过程如下:

① 根据定时或计数要求确定计数器的初值;
② 根据要求给方式寄存器 TMOD 赋值,设定定时器的工作方式;
③ 根据需要给中断允许寄存器 IE 送中断控制字,以开放相应的中断和设定中断优先级;
④ 给 TCON 寄存器中的 TR0 或 TR1 置位,以启动或禁止定时/计数器。

初始化过程最重要的是计算初值和确定最大时间,方法如下:

1) 初值的计算

计数器初值:设计数器的最大值为 M(在不同的工作方式中,$M=2^{13}$、2^{16}、2^8),计数初值设定为 TC,计数器计满为零所需的计数值为 C,则 TC=$M-C$。

定时器初值:定时值=$(M-TC) \times T$,其中,T 为计数周期,即单片机的机器周期。

2) 最大定时时间

若 TC=0,则定时时间为最大,当机器周期为 1 μs,工作在方式 0 时,最大定时时间为 $2^{13} \times 1\ \mu s = 8.192\ ms$。若工作在方式 1 时,最大定时时间为 $2^{16} \times 1\ \mu s = 65.536\ ms$。若工作在方式 2 和方式 3 时,最大定时时间为 $2^{8} \times 1\ \mu s = 0.256\ ms$。

3.4 串行通信

在计算机系统中,CPU 和外部有 2 种通信方式:并行通信和串行通信。本节将介绍串行通信,即数据一位一位地传送。8051 单片机内部有一个全双工的串行通信口,即可接收数据也可发送数据。

3.4.1 串行接口的工作方式

8051 单片机的串行接口共有 4 种工作方式,工作方式的选择由串行口控制寄存器 SCON 中的 SM0、SM1 来进行设置。

1. 方式 0

方式 0 是同步移位寄存器输入/输出方式,主要用于扩展并行 I/O 接口。数据由 RXD(P3.0)引脚输入或输出,同步移位脉冲由 TXD(P3.1)引脚输出提供。移位数据的发送和接收以 8 位为一组,低位在前,高位在后。

方式 0 实际上是把串行口变为并行口使用,实现数据的移位输入或输出。

1) 方式 0 输出

将数据预先写入串行接口数据缓冲寄存器中,然后在移位时钟脉冲 TXD 的控制下,从串行接口 RXD 端逐位移入移位寄存器。当 8 位数据全部移出后,再将发送中断标志位 TI 置 1,然后以查询或中断的方式将移位寄存器中的内容输出。

2) 方式 0 输入

移位寄存器中移出的串行数据从 RXD 端串行输入,由 TXD 端提供移位时钟脉冲。SCON 寄存器的 REN 位实现 8 位数据串行接收所需允许接收的控制。REN=0,禁止接收;REN=1,允许接收。当用软件方式置 REN=1 时,则开始从 RXD 端输入数据(低位在前),接收完 8 位后,将中断标志位 RI 置 1。

2. 方式 1

方式 1 是异步通信方式,TXD 为数据发送引脚,RXD 为数据接收引脚,其数据帧依次为起始位 1 位、数据位 8 位、停止位 1 位,共 10 位数据。

1) 方式 1 输出

当执行一条写发送寄存器(SBUF)的指令时,在串行接口由硬件自动加入起始位和停止位,构成完整的一帧;然后在移位脉冲的作用下,由 TXD 端串行输出。发送完一个字符帧后,使 TXD 输出线维持在 1 状态,将 SCON 寄存器的 TI 置 1,并通知 CPU 发下一个字符。

2) 方式 1 输入

当接收数据时,用软件方式将 REN 置 1(处于允许接收状态)。串行接口以 16 倍波特率的速率采集 RXD 引脚电平,当采样到从 1 向 0 状态跳变时,说明接收到起始位。在移位脉冲的控制下,把接收到的数据位移入到接收寄存器(从其右边移入)中,直到停止位到来,将中断标志位 RI 置 1,发出中断请求。

3. 方式 2 与方式 3

方式 2 是串行通信方式,其数据帧依次为起始位 1 位、数据位 8 位、可编程位 1 位、停止位 1 位,共 11 位数据。

1) 方式 2 输出

当发送数据时,应先在 SCON 的 TB8 位中把第 9 个数据位(D8)的内容准备好,D8 的内容由硬件电路从 TB8 中直接送到发送移位寄存器的第 9 位,由此来启动串行发送。发送的数据(D0~D7)写入 SBUF,一个字符帧发送完毕后,将 TI 位置 1,其他过程与方式 1 相同。

2) 方式 2 输入

接收过程与方式 1 相似,不同之处只在第 9 数据位上。串行接口把接收到的前 8 个数据位送入 SBUF,而把第 9 个数据位送入 RB8,同时置位 RI。接收数据真正有效的条件是:①RI=0;②SM2=0 或接收到的第 9 位数据为 1。

方式 3 同样是串行通信方式,每帧有 11 位,其通信过程与方式 2 一样,所不同的仅在于波特率。

3.4.2 串行接口控制寄存器

与串行通信有关的控制寄存器有 3 个:串行口控制寄存器 SCON,电源控制寄存器 PCON 和中断允许寄存器 IE。

(1) 串行口控制寄存器(SCON)

SCON 是一个可寻址的专用寄存器,用于串行数据通信的控制,其格式如下所示:

D7	D6	D5	D4	D3	D2	D1	D0
SM0	SM1	SM2	REN	TB8	RB8	TI	RI

串行口控制器 SCON 各位功能如下:

① SM0、SM1——串行工作方式选择位。串行工作方式有 4 种,如表 3-3 所列。

表3-3 SCON工作方式选择

SM0	SM1	工作方式	SM0	SM1	工作方式
0	0	方式0	1	0	方式2
0	1	方式1	1	1	方式3

② SM2——多机通信控制位。

SM2主要用于方式2和方式3，串行接口以方式2和方式3接收。当SM2=0时，不论第9位数据是什么，都将前8位数据送入SBUF中，并产生中断请求。当SM2=1时，只有当接收到的第9位数据为1时，才将接收到的前8位数据送入SBUF，并置位RI产生中断请求；否则，接收到的前8位数据将丢弃。在方式0和方式1时，SM2置为0。

③ REN——允许接收控制位。

该位由软件置位或复位。当REN=0时，禁止接收；当REN=1时，允许接收。

④ TB8——发送数据位的第9位。

在方式2和方式3时，将要发送的第9位数据放入TB8，其值由用户通过软件设置。在双机通信时，TB8一般作为奇偶校验位使用。在多机通信中，TB8作为区别地址帧和数据帧的标志位，且一般有：TB8=0为数据帧，TB8=1为地址帧。在方式0和方式1下，该位未用。

⑤ RB8——接收数据位的第9位。

在方式2或方式3下，接收到的第9位数据存放于RB8。RB8的值代表着接收数据的某种特征，应根据其状态对接收数据进行相应的操作。在方式0和方式1下不用RB8。

⑥ TI——发送中断标志。

在方式0下，当串行发送完第8位数据后，该位由硬件置位。而在其他方式下，在串行发送停止之前，该位由硬件置位。TI=1表示帧发送结束，其状态既可供软件查询用，也可作中断请求。TI位由软件清0。

⑦ RI——接收中断标志位。

在一帧数据发送结束时由硬件置位。在方式0下，当串行发送完第8位数据后，该位由硬件置位。在其他方式下，在串行发送到停止位的开始时，该位由硬件置位。RI=1表示帧接收结束，其状态既可供软件查询用，也可作中断请求。RI位由软件清零。

(2) 电源控制寄存器(PCON)

PCON主要是为了80C51的电源控制而设置的专用寄存器。PCON寄存器不能进行位寻址，其最高位SMOD与串行接口工作有关，其余各位用于电源管理。SMOD是串行接口波特率的倍增位，在串行接口方式1、2、3下，波特率与SMOD有关。当SMOD=1时，串行接口波特率提高一倍。系统复位时，SMOD=0，复位时POCN=0x00。

(3) 中断允许寄存器(IE)

前面已介绍过寄存器IE，其各位的位地址及位名称见4.2节，其中，ES为串行中断允许位。当ES=0时，禁止串行中断；当ES=1时，允许串行中断。

3.4.3 串行接口应用

80C51单片机的串行接口有多种应用,既可用于通信方面,也可以方便地扩展键盘和显示器,还可实现端口的串并转换,在此仅介绍其在端口的串并转换方面的应用。

51系列单片机的串行接口基本上是异步通信接口,但工作方式0却是同步操作。正是由于这个特点,可以通过外接串入-并出或者并入-串出器件实现I/O口的扩展,常用的器件为移位寄存器。

串行接口方式0的应用有两种,即串行接口变为串入-并出的输出口和串行接口变为并入-串出的输入口。串行接口方式0的数据输出可以采用中断方式,也可采用查询方式,两种方式都要借助于TI标志。

[例3-3] 利用AT89C51的串行口设计4位静态数码管显器,要求4位显示器上每隔1s交替显示"ABCD"和"1234",显示间隔时间为1s电路图如图3-4所示。

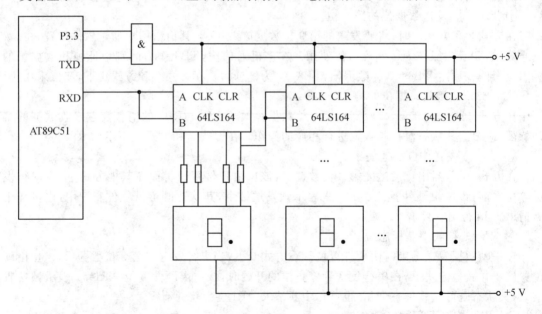

图3-4 4位静态数码管显器电路图

解:① 利用查询方式处理的程序代码如下:

```
#include<reg51.h>
#define unchar unsigned char
sbit P3_3 = P3^3;
char code tab[ ] = {0x88,0x83,0xC6,0xA1,
0xF9,0xA4,0xB0,0x99};    //ABCD与1234的字型码
```

```c
void timer(uchar);
main()
{ uchar i,a = 3;
  SCON = 0;
  for(;;)
  {
   P3_3 = 1;
   for(i = 0;i<4;i++)
   {
    SBUF = tab[a];                    //从右边管开始显示
    a--;
    while(! TI);
    TI = 0;
    if(a = = 255) a = 7;
   }
   P3_3 = 0;
   timer(100);
  }
}
void timer(uchar i)
 { uchar I;
   for(i = 0;i<1;i++)
   { TMOD = 0x01;
     TH0 = -10000/256;
     TL0 = -10000 % 256;
     TR0 = 1;
     while(! TF0);
     TF0 = 0;
   }
 }
```

② 利用中断方式进行处理的程序代码如下：

```c
#include<reg51.h>
#define uchar unsigned char
sbit P3_3 = P3^3;uchar a = 3;
char code tab[] = {0x88,0x83,0xC6,0xA1,
0xF9,0xA4,0xB0,0x99}          //ABCD 与 1234 的字型码
void timer(uchar);
void int4(void);
```

```c
void main(void)
void main(void)
{  uchar i,j;
   SCON = 0;EA = 1;ES = 1;
   for(;;)
   {
      P3_3 = 1;
      for(i = 0;i<4;i++)
       {
         SBUF = tab[a];
         j = a;
         while (j == a);
       }
      P3_3 = 0;
      timer(100);
      if(a == 255) a = 7;
   }
}
void int4(void) interrupt 4
  {TI = 0;a-- ;}
void timer(uchar t)
   {
        uchar i;
      for(i = 0;i<t;i++)
         {
              TMOD = 0x01;
              TH0 = -10000/256;
              TL0 = -10000 % 256;
              TR0 = 1;
              while(! TF0);
              TF0 = 0;
          }
   }
    ;113 ****************************
```

第 4 章

Keil C51 集成开发环境

本章主要阐述了 Keil C51 的安装、集成开发环境 μVision 的应用以及功能特点;同时对 μVision3 的栏目和窗口一一作了说明,列出了创建项目的主要步骤,给出了简单程序的调试方法以及含有多个文件项目的建立和代码优化的常用方法。通过本章的学习,可以初步了解 Keil C51 开发环境,使用 Keil C51 集成开发环境进行单片机系统设计。

4.1 Keil C51 的安装

1. Keil C51 对系统的硬件要求

安装 Keil C 集成开发软件必须有一个最基本的硬件环境和操作系统的支持,才能确保集成开发软件中编译器以及其他程序能够正常工作,其最低要求为:
- Pentium、Pentium-II 或相应兼容处理器的 PC;
- Windows 95、Windows 98、Windows NT4.0 操作系统;
- 至少 16 MB RAM 和 20 MB 硬盘空间。

对于现在的 PC 机来说,配置均可满足上述条件,所以 Keil C51 软件可安装在一台普通的 PC 机上。

2. Keil C51 的安装

先从 Keil 官方网站(www.keil.com)上下载安装文件,下载之前需要填写个人的基本资料,然后按需要选择相应的版本。Keil C51 软件分为评估版和正式版,前者是免费的,但有 2K 的代码限制,可以用来产生小型的目标应用系统,适合普通的学习者使用;后者安装的时候须填入购买的激活码,适合大型的企业做研发。这里下载的是 C51v8.17a uvision.exe 文件,下载完成后即可开始安装。

具体的安装步骤如下:

① 双击下载获得的安装源文件,则弹出 Keil 软件安装界面,如图 4-1 所示。安装界面提示在安装之前应当先关闭其他 Windows 应用程序。

第 4 章　Keil C51 集成开发环境

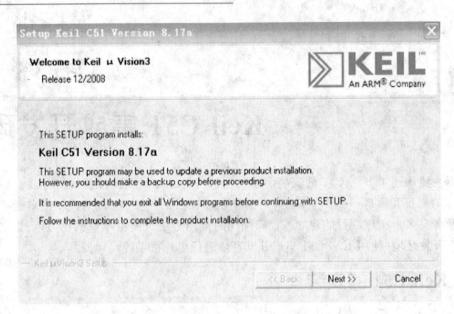

图 4-1　安装 Keil 软件的启动界面

② 单击 Next 按钮，则弹出"版权"对话框，认真阅读后选中同意复选框。

③ 单击 Next 按钮，则弹出"安装路径"对话框，如图 4-2 所示。系统默认的是 C：/Program/Keil 为安装路径，也可自己选择其他的安装路径，如 D：/Keil。

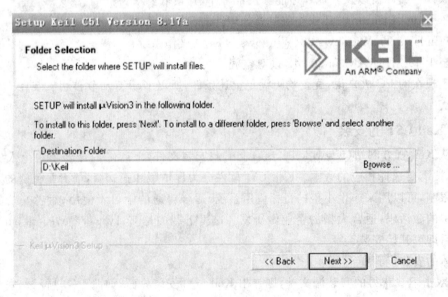

图 4-2　安装路径对话框

④ 单击 Next 按钮，则弹出用户信息对话框，需要填写好用户姓名、公司名称、个人的 E-mail，如图 4-3 所示。

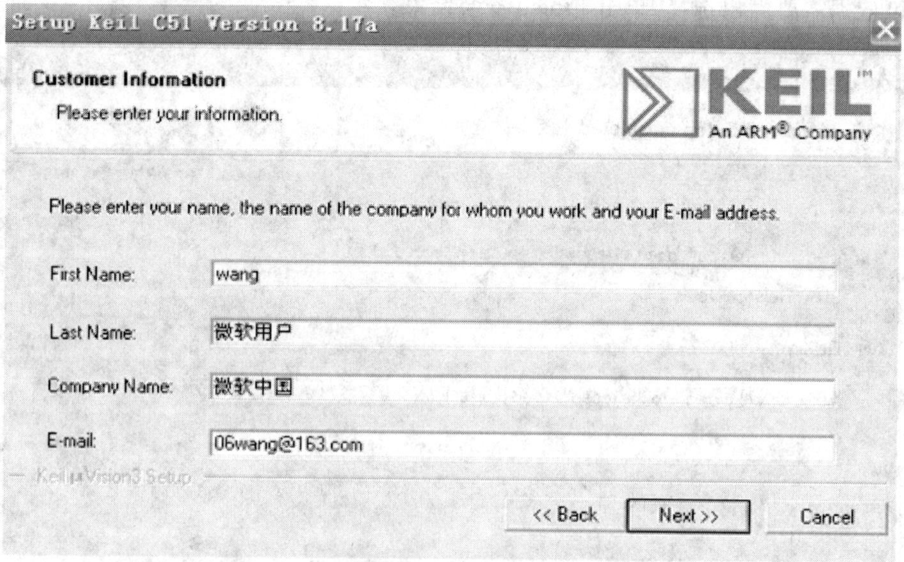

图 4-3 用户信息对话框

⑤ 单击 Next 按钮进入正常安装界面，显示安装进度和安装文件信息，如图 4-4 所示。

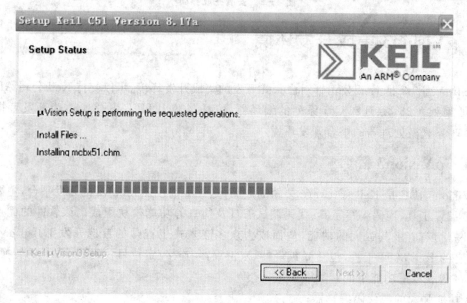

图 4-4 安装界面

⑥ 安装好之后，系统自动跳转到安装完成界面，如图4-5所示。界面上有3个复选框，第一个是查看发行说明，第二个是保留当前的配置，第三个是添加示例工程到最近使用工程列表，用户可依据需要做出选择，单击Finish安装结束。

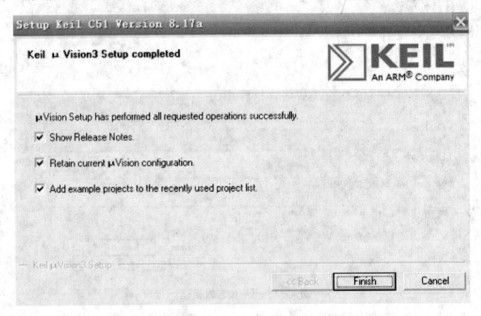

图4-5 安装完成界面

4.2 μVision3 集成开发环境

Keil μVision3 是 Keil 公司针对嵌入式开发的集成开发环境，可以支持 Keil 公司 ARM 系列、C166 系列、C251 系列和 C51 系列的编译器、仿真器 Keil ULINK/2/me，为开发者提供了一个 8051 系列微处理器的综合开发环境。

4.2.1 μVision3 简介

μVision3 IDE 是 Keil software 公司的产品，是一个基于 Windows 的开发平台，主要由项目管理、编译工具、代码编写工具、代码调试工具及仿真等功能模块组成。该软件的优点在于它简单易学，有着极其强大的功能，从而成为众多嵌入式工程师的首选开发工具。μVision3 支持所有的 Keil 8051 工具，包括 C 编译器、宏汇编器、连接/定位目代码到 HEX 的转换器等。μVision3 包含以下功能组件：

① 功能强大的源代码编辑器；
② 可根据开发工具配置的设备数据库；

③ 用来创建和维护项目的工程管理器；
④ 集汇编、编译和链接过程于一体的 MAKE 工具；
⑤ 用于设置开发工具配置的对话框；
⑥ 真正集成了高速 CPU 及片上外设模拟器的源码级调试器；
⑦ 高级 GDI 接口，可用于目标硬件的软件调试和 Keil ULINK 仿真器的连接；
⑧ 用于下载应用程序到 Flash ROM 中的 Flash 编程器；
⑨ 完善的开发工具手册、设备数据手册和用户向导。

由于 μVision3 具有以上功能组件，所以在很大程度上提高了工程师的开发效率，加快了嵌入式系统的开发过程，其界面如图 4-6 所示。

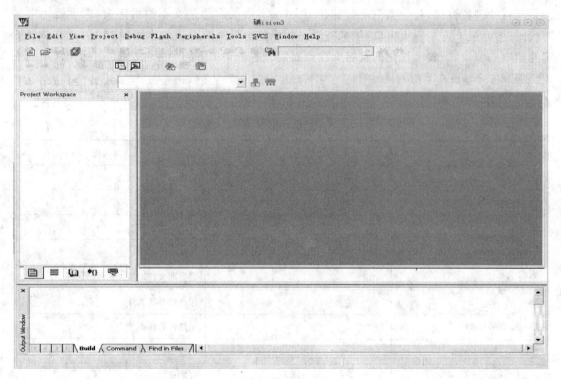

图 4-6　μVision3 的窗口界面

4.2.2　开发环境的配置

如果需要用到仿真器，则在 Keil μvision3 安装完成之后，还需要连接 ULINK 仿真器。连接之后，计算机会提示需安装相应的驱动文件 Keil ulink，该驱动文件一般放在正版的光盘中，也可去 http://download.csdn.net/source/1006832 上下载。

第 4 章 Keil C51 集成开发环境

4.3 μVision3 的栏目和窗口

μVision3 的界面窗口与很多其他的开发软件一样,除了具有大量的工具以外,还对这些工具的布局进行了合理的安排,充分考虑到了用户的需求。常用的工具在工具栏中都设置了快捷图标。在编写程序的时候还可同时打开多个窗口,使用户在调试的过程中能够随时掌握代码实现的过程,下面分别介绍各个工具栏。

μVision3 运行界面从上往下的顺序首先是菜单项,共 11 个选项,包括文本操作、项目管理、开发工具配置和仿真等功能。其次是工具栏,主要是一些常用操作的快捷图标。界面的左边是项目管理器窗口,包含当前项目的各个文件;界面的右边是文本编辑区窗口,主要用来编写代码;界面最下方是输出窗口,用来查看是代码的运行情况。当然也可通过 View 菜单栏下选择相应的窗口,设置个性化的自定义窗口布局。各个菜单下的命令的功能、图标和常用的快捷键如表 4.1~表 4.7 所列。

(1) File 菜单项

表 4-1 File 菜单项

File 菜单	工具栏	快捷键	功能描述
New		Ctrl+N	新建一个文本文件
Open		Ctrl+O	打开一个文件
Close			关闭一个文件
Save		Ctrl+S	保存一个文件
Save as			将当前文件以另一文件命保存
Save all			保存所有的文件
Device Database			元器件数据库
License Management			软件的注册管理
Print Setup			打印设置
Print		Ctrl+P11	打印当前文件
Print Preview			打印预览

(2) Edit 菜单项

表 4-2 Edit 菜单项

Edit 菜单	工具栏	快捷键	功能描述
Undo		Ctrl+Z	撤消上一次操作
Redo		Ctrl+Y	恢复上一次撤消的操作
Cut		Ctrl+X	剪切选定的内容到剪贴板
Cope		Ctrl+C	复制选定的内容到剪贴板
Paste		Ctrl+V	将剪贴板中的内容粘到指定的位置
Indent Selected Text			把选定的内容向右缩进一个制表位
Unindent Selected Text			把选定的内容和向左缩进一个制表位
Toggle Bookmark		Ctrl+F2	将当前行设定为标记
Goto Next Bookmark		F2	转到下一个标记处
Goto Previous Bookmark		Shift+F2	转到前一个标记处
Clare All Bookmarks		Ctrl+Shift+F2	清除所有标记
Find		Ctrl+F	查找指定的内容
Replace		Ctrl+H	替换指定的内容
Find in Files		Ctrl+Shift+F	在几个文件中查找指定的内容
Incremental Find		Ctrl+I	增量寻找下一个

(3) View 菜单项

表 4-3 View 菜单项

View 菜单	工具栏	快捷键	功能描述
Status Bar			显示或隐藏状态栏
File Toolbar			显示或隐藏文件工具栏
Build Toolbar			显示或隐藏新建工具栏
Debug Toolbar			显示或隐藏运行工具栏
Project Window			显示或隐藏项目工具栏
Output Window			显示或隐藏输出窗口
Source Browser			打开资源浏览器窗口
Disassembly Window			显示或隐藏反汇编窗口
Watch&Call Stack Window			显示或隐藏观察及调用堆栈窗口
Memory Window			显示或隐藏存储器窗口

第4章 Keil C51 集成开发环境

续表 4-3

View 菜单	工具栏	快捷键	功能描述
Code Coverage Window			显示或隐藏代码窗口
Performance Analyzer Window			显示或隐藏分析窗口
Symbol Window			显示或隐藏符号分析窗口
Serial Window			显示或隐藏串行数据窗口
Toolbox			显示或隐藏工具箱
Periodic Window Updata			显示程序运行时更新窗调试口
Include File Dependencies			显示或隐藏关联文件

(4) Project 菜单项

表 4-4 Project 菜单项

Project 菜单	工具栏	快捷键	功能描述
New μVision3 Project			建立新的项目
New Project Workspace			建立新的工作区间
Import μVision3 Project			转换成 μVision3 的项目
Open Project			打开一个项目
Close Project			关闭一个项目
Manage			设置文件的扩展名,添加新的文件,设置工作环境等
Select Device for Target "Simulator"			选择一款 CPU 作为工作 CPU
Remove Item			从设备中删除一个文件或文件组
Options for Target"Simulator"			设置仿真的环境及编绎环境
Clean Target			清除编绎的输出文件
Build Target			编绎文件
Rebuild all Target files			重新编绎所有文件
1—10			近来打开过的文件

(5) Debug 菜单项

表 4-5　Debug 菜单项

Debug 菜单	工具栏	快捷键	功能描述
Start/Stop Debug Session		Ctrl+F5	开始或停止调试试模式
Run		F5	运行
Step		F11	单步运行程序,包括子程序
Step Over		F10	单步运行程序,子程序结束则跳出
Step Out of Current Function		Ctrl+F11	单步运行程序时,跳出当前的子程序,执行下一条语句
Run to cursor line		Ctrl+F10	运行至光标行
Stop Running			停止程序的运行
Breakpoints		Ctrl+B	打开断点的对话框
Insert /Remove Breakpoint		F9	插入或移出断点
Enable/Disable Breakpoint		Ctrl+F9	使当前行的断点失效
Disable all Breakpoints			使程序中的所有的断点失效
Kill All Breakpoints		Ctrl+Shift+F9	去除所有的断点
Show Next Statement			显示下一个执行的语句
Debug Settings			运行设置
Enable/Disable Trace Recording			打开语句执行跟踪记录功能
Veiw Trace Records		Ctrl+T	查看已经执行过的语句
Memory Map			打开内存对话框
Performance Analyzer			打开性能分析对话框
Inline Assembly			停止当前编译的进程
Function Editor(open ini file)			编辑调试程序和调试用 ini 方件

(6) Flash 菜单栏

表 4-6　Flash 菜单项

Flash 菜单	工具栏	快捷键	功能描述
Download			下载程序到 Flash 存储器中
Erase			擦除 Flash 中的

第 4 章 Keil C51 集成开发环境

(7) Peripherals 菜单项

表 4-7 Peripherals 菜单项

Debug 菜单	工具栏	快捷键	功能描述
Reset CPU	RST		设置 CPU 到初始状态
Interrupt			片上外设的对话框
I/O_port			输出对话框
Serial			选用不同的 CPU 会有不同的设置
Timer			

还有其他的一些菜单选项比如 Tool、SVCS、WINDOW 和 HELP 等就不再累述,读者可自行查阅相关资料。

4.4 创建项目

一个完整的项目是能够实现特定功能程序的集合,可以包括很多程序文件。下面以新建一个流水灯的项目为例,演示如何去创建一个完整的项目。Keil C51 项目文件的后缀名是".uv2"。创建项目具体的步骤如下:

① 选择 Project→new μVision Project 菜单项,则弹出"新建项目"对话框,给新建项目取一个文件名。

② 单击"保存"按钮,接着弹出一个选择 CPU 的对话框,选择与自己使用单片机型号相对应的 CPU。

③ CPU 型号选定后再单击"确定"按钮,则弹出"询问是否添加启动文件"对话框。该启动文件用于初始化单片机内部存储器,添加完后在项目管理窗口中即可以看到 satartup.A51 文件已经被加入。

④ 单击"是"完成添加项目,则弹出项目初始化界面。

⑤ 新建一个代码编辑文本,选择 File→New 菜单项新建文本,然后直接在新建的文本下编写程序并命名为 led1.c。

⑥ 选中工程管理器中的 Source Group1 右击,选择 Add Files To "Source Group1",然后选中流水灯的源文件(如 led1.c),再单击 Add 就可以了。这样就完成了一个简单项目的创建,直接进行编译就可以了。

4.5 简单程序的调试

(1) 程序的编译

当各个源文件都编写好了的时候,就可以进行编译了。编译前需进行配置,右击 Target1,在弹出的级联菜单中选择 Options for Target 'Target1',然后单击 图标就可以进行编译了。根据编译的输出窗口看是否有错误,进行相应的修改。若程序的编译没有错误,则弹出如图 4-7 所示的界面。

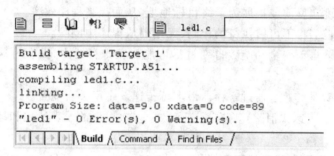

图 4-7 编译截图界面

(2) 程序的调试和运行

单击工具栏的 图标,再单击 运行图标,这时程序进行仿真运行。假定前面编写的是一个流水灯控制程序,输出端口是 PORT1,则选择 Peripherals→I/O - PORT→port1 菜单项,则可以看到运行状态,如图 4-8 所示。

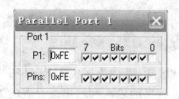 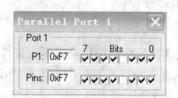

图 4-8 程序仿真窗口

(3) 含有多个文件的项目

若一个项目需要几个不同的文件,则可以建立一个文件组来存放,用不同的文件共同合作来实现一个功能。文件组用来把项目中相关文件放在一组,当大型的项目需要多人合作来完成的时候,文件组的作用显的更为重要了。"Project-Targets,Groups,Files"对话框允许加入几个不同的文件到一个项目中;右击 Source Group1,在弹出的级联菜单中选择 New Group 选项即可新建一个文件组。

4.6 代码优化

在 Keil C51 的配置中使用默认的配置可以进行简单的程序开发,太多配置会影响应用程序代码的质量。如果适当修改参数,则可以改善代码空间、提高开发效率。

C51 编译器提供 6 种不同级别的优化,高级优化包含低级优化。下面列出了 C51 编译器可执行的所有优化:

- 常量合并:一个表达式或地址计算式内的几个常量合并成一个常量。
- 跳转优化:跳转反演或扩展为最终目标地址,从而提高程序效率。
- 无用代码消除:将不可能执行的代码、无用码从程序中删除。
- 寄存器变量:自动变量和函数自变量尽可能放在寄存器中,没有为这些变量保留数据存储器空间。
- 参数通过寄存器传递:通过寄存器最多可传递 3 个函数自变量。
- 全局共用的子表达式消除:将在一个函数中多次出现的子表达式和地址计算式尽可能只计算一次。

Keil 8051 工具支持大范围的寄存器优化,此选项的设置对应 Options for Target – C51 对话框中的 Global Register Optimization 选项。利用大范围的寄存器优化,C51 编译器可以知道哪些寄存器被外部程序修改了、哪些没有被外部程序修改的寄存器用来存储寄存器变量,这样 C 编译器产生的代码将占用较少的空间,并且执行速度更快。为了改善寄存器的分配,μVision2 在 Build 时,对 C 语言源程序自动进行多次编译。

4.7 使用技巧

(1) 用软件实现串行窗口与实际的硬件相连

Keil C 软件自身带有模拟串行通信口,除了可以进行串行数据传送外,还可以把 PC 机上的 COM1 口和 COM2 口直接相连,并在软件中仿真数据的输入和输出。设置的方法如下:在输出窗口的 Command 页中,用 MODE 命令设置串口的工作方式;然后用 ASSIGN 命令将串行窗口与实际的串口相关联;最后编写一个串行输入输出的程序,功能为:将一个字符数据从串行口发送出去,接收端的串行口收到字符数据后直接返回。程序调试通过后就可以进行硬件的连接,连接两台 PC 机的方法为:

```
2———3
3———2
5———5
```

连接完成之后,设置好相应的参数即可通过串口精灵发送数据了。在 Keil 调试窗口的

command 页中输入以下命令：

>mode com1 19200,0,8,1
>assign com1 <sin>sout

输入命令后全速运行程序，然后切换到串口精灵开始发送，则可以看到发送后的数据立即回显到窗口中，说明已接收到了发送过来的数据。切换到 μVision 查看串行窗口 1，则可以看到接收到了串口精灵送来的内容。

(2) 将 μVision2 导入到 μVision3

在旧版本编译器下编译通过的工程直接用新版本的编译器编译会出现错误，但 μVision3 有着良好兼容性，可以通过设置来实现它的编译。实现步骤如下：

① 创建一个新的 μVision3 项目文件，从器件数据库中选择一个 CPU，注意很重要的一点是新的 μVision3 项目必须创建在已经存在的 μVision2 目标文件夹中。

② 选择 Projec→Import μVision1 Project 菜单项，在弹出的对话框中选择上述文件夹中一个已已经存在的 μVision2 项目。注意，只有新项目的文件列表为空时，此菜单才是可用的。

③ 导入命令，同时也把旧连接器的设置导入到连接对话框中。

④ 仔细核对是否所有的设置都正确地复制到了新的 μVision2 项目文件中，然后就可以在 μVision3 中新建文件组了。

(3) 从某一端口输入数据

由于 Keil C 只是一个软件编译工具，很难去做一个实际的硬件电路连接来实现数据的输入，因此需要在软件环境中仿真出一个输入信号。最简单的方法是直接在 COMMAND 页中输入 port1=数值。

4.8　Keil C 编译器常见警告与错误信息的解决方法

1) Warning 280：'i'：unreferenced local variable
说明：局部变量 i 在函数中未做任何的存取操作。
解决方法：消除函数中 i 变量的定义。

2) Warning 206：'Music3'：missing function-prototype
说明：Music3( ) 函数未作声明或未做外部声明，所以无法由其他函数调用。
解决方法：将语句"void Music3(void)"写在程序的最前端做声明；如果是其他文件的函数，则写成"extern void Music3(void)"即做外部声明。

3) Compling：C：\8051\MAIN.C
　　Error 318：can't open file'beep.h'
说明：在编译 C：\8051\MAIN.C 程序过程中，main.c 文件用了指令"#include <beep.

h>",但却找不到 beep.h 文档。

解决方法:编写一个 beep.h 的包含档并存入到 c:\8051 的工作目录中。

4) Compling: C:\8051\LED.C

　　Error 237:'Ledon': function already has a body

说明:Ledon( )函数名称重复定义,即有两个以上一样的函数名称。

解决方法:修正其中的一个函数名称使得函数名称都是独立的。

5) Warning 16: uncalled segment, ignored for overlay process

　　segment:? pr? _delayx1ms? delay

说明:Delayx1ms( )函数未被其他函数调用也会占用程序记忆体空间。

解决方法:去掉 Delayx1ms( )函数,或者利用条件编译"#if … #endif",可保留该函数并不编译。

6) Warning 6 : xdata space memory overlap

　　from:0x25

　　to:0x25

说明:外部 ROM 的 0x25 地址被重复定义。

解决方法:外部 ROM 的定义如下:"xdata unsigned char XFR_ADC _at_0x25",其中 XFR_ADC 变量的名称为 0x25,请检查是否有其他的变量名称也是定义在 0x25 处并修正。

7) Warning 206:'Delayx1ms': missing function-prototype C:\8051\INPUT.C

　　Error 267 :'Delayx1ms': requires ANSI-style prototype C:\8051\INPUT.C

说明:程序中有调用 Delayx1ms 函数,但该函数没有定义,即未编写程序内容或函数已定义但未做声明。

解决方法:编写 Delayx1ms 的内容,编写完后也要做声明或作外部声明,可在 delay.h 的包含文档中声明成外部函数,以便其他函数调用。

8) Warning 1: unresolved external symbol

　　symbol:music3

　　module: C:\8051\music.obj(music)

　　Warning 2: reference made to unresolved external

　　symbol music3

　　module: C:\8051\music.obj(music)

　　address:0x18

说明:程序中调用了 MUSIC 函数,但未将该函数的包含文档加入到工程文件 Prj 中编译和链接。

解决方法:设 MUSIC3 函数在 MUSIC C 里,将 MUSIC C 添加到工程文件中。

9）Error 107：address space overflow
　　space：data
　　segment：_data_goup_
　　length：0x18
　　Error 118：reference made to erroneous external
　　symbol：volume
　　module：C：\8051\osdm.obj(osdm)
　　address：ox4036

说明：data存储空间的地址范围为0～0x7f。当data用于存放公用变量和函数里的局部变量时，如果存储模式设为SMALL，则局部变量先使用工作寄存器R2～R7作暂存；当工作寄存器不够用时，则使用data以外的空间；当暂存的个数超过0x7f时，则出现地址不够的现象。

解决方法：将以data型定义的公共变量修改为idata型。

第 5 章

ELITE-III 开发板简介

单片机开发板是用来进行单片机应用开发的电路板,包括中央处理器、存储器、输入设备、输出设备、数据通路/总线和外部资源接口等一系列硬件组件。本章介绍的 ELITE 系列单片机学习开发系统将单片机学习板、PC 端控制软件、ISP 下载器、编程器以及仿真器有机结合在一起,省去了单片机系统学习和开发过程中繁琐的芯片插拔步骤,使用非常方便。另外,其实验涉及单片机系统的各个层次,适合于各层次的学习者,是目前最受欢迎的单片机开发板之一。下面以 ELITE-III 开发板为例,介绍单片机开发板的相关资源及其使用方法。

5.1 ELITE-III 硬件资源

ELITE-III 单片机开发板提供了丰富的板载资源,其实物图如图 5-1 所示,特点如下:

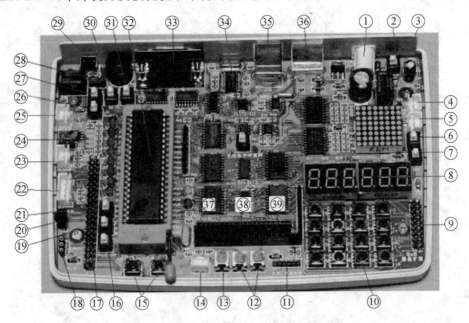

图 5-1 ELITE-III 单片机开发板实物图

第 5 章　ELITE‑III 开发板简介

1. 硬件方面

带有多种品牌(Atmel、Winbond、SST、STC)单片机的 ISP 电路,均通过串口线或 USB 线和 PC 相连,支持多种品牌芯片的在线下载,具有丰富的接口。例如,有 3 种常用的 LCD 接口,即 LCD12864、LCD12232、LCD1602;具有双重电源和双重保险设计,即 USB 供电和外部电源;电流反向保护(只要电压(6 V)符合要求,就可以使用任何外部电源,无须考虑电源正负极)和电流过载 LED 灯提醒(当单片机插反时,LED 灯闪动,提醒你立即纠正错误操作)等。具体硬件资源如下:

① 电源输入(6 V);
② 电源开关按钮;
③ 8×8LED 点阵;
④ 5 V 电源输出;
⑤ I^2C 总线接口;
⑥ 8×8LED 点阵电源控制按钮,按下时接通电源,弹起断开电源;
⑦ 数码管电源控制按钮,按下时接通电源,弹起断开电源;
⑧ 6 位共阳数码管;
⑨ 8×8 键盘扩展接口;
⑩ 板载 4×4 键盘;
⑪ 直流/步进电机接口;
⑫ LCD 对比度调整旋钮;
⑬ A/D 实验电压调整旋钮;
⑭ 外部 A/D 输入;
⑮ 单片机端口按键;
⑯ RS232/USB 切换;
⑰ 单片机 40 个引脚接口;
⑱ 温度传感器 DS18B20 接口;
⑲ 单片机 T0 中断切换按钮;
⑳ 一体化红外接收头;
㉑ 单片机 T0 中断切换按钮;
㉒ SPI 接口;
㉓ RS485 通信接口;
㉔ RS232 串口和 RS485 切换跳线;
㉕ 继电器接口;
㉖ 流水灯电源控制按钮;
㉗ 华邦单片机 ISP 切换按钮,按下时再按复位键即进入 ISP 状态,ISP 完成后弹起该键按

第 5 章 ELITE-III 开发板简介

复位键即可运行程序；

㉘ 蜂鸣器电源控制跳线；

㉙ 复位按键；

㉚ AT89S 系列 ISP 切换按钮；

㉛ AT89S 系列 ISP 切换按钮；

㉜ 51 系列单片机；

㉝ RS232 串口兼 AT89S 系列 ISP 接口；

㉞ 板载 A/D 输入和外部 A/D 输入切换按钮；

㉟ USB 接口，可用于取电和 USB 转串口 RS232；

㊱ PS/2 键盘接口；

㊲ LCD12864 接口；

㊳ LCD12232 接口；

㊴ LCD1602 接口。

2. 软件方面

具有大量演示程序，实验板上的每一块资源(包含每个接口)都有相应的实验程序，如步进电机(匀速、加速、正转、反转等)、3 种 LCD 显示程序和 SPI 接口程序等。

5.2 单片机在系统编程

ISP(在系统编程)是指通过单片机专用的串行编程接口对单片机内部的 Flash 存储器进行编程。ELITE-III 开发系统通过串口或 USB 口即可在线烧写单片机芯片，可烧写的芯片包括 Atmel 的 AT89S 系列、AVR 系列、Winbond 系列、STC 系列和 SST 系列等，无需额外编程器。目前市场上单片机的种类繁多，技术指标各不相同，因此针对不同单片机的在线编程的方法、步骤也就不完全相同。当然，总体而言，还是有章可循的。本节就 AT89S 系列、Winbond78E 系列、STC89C 系列单片机在 ELITE-III 开发板上的在系统编程为例详细说明。

5.2.1 AT89S 系列单片机

首先安装必备的开发软件，包括 Keil C51 集成编译环境和 ISP 下载器，前者已经做了详细的介绍，后者被放在开发板附带光盘中的"/开发工具/ATMEL 下载"目录下，解压"AT-MEL ISP 软件.rar"文件，找到安装文件"ISP2Setup.exe"，安装完成即可。在 Keil C51 环境下把程序编译通过之后，就可以将生成的.HEX 文件通过编程器下载到开发板上运行，其中下载的方式有两种，即串口下载和 USB 下载。

第5章 ELITE-III 开发板简介

1. 串口下载

首先,设置 PC 机和 ELITE-III 开发板,具体按键位置如图 5-2 所示(注:本章以后所涉及的相关设置都可参考本图),设置步骤如下:

① 将 JP3 跳线接到右边两针。
② 按下 RS232/USB 切换按键。
③ 将单片机放置到开发板上,带缺口的一面朝上。
④ 将 Atmel 芯片下载/运行切换键置于压下状态。
⑤ 用串口线将 PC 机和单片机开发板连接在一起。

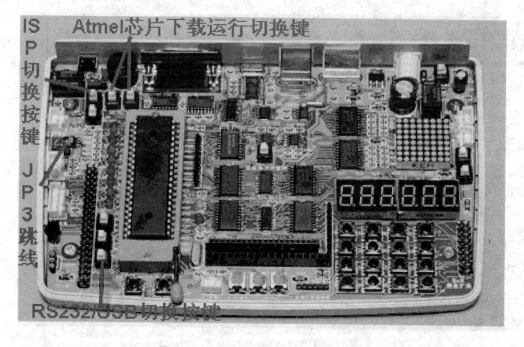

图 5-2 ELITE-III 开发板实物图设置

其次,下载程序,步骤如下:

① 打开编程器,根据需要选择适当的 COM 口,如图 5-3 所示。
② 单击"鉴别"按扭,则开发板自动检测单片机型号。若 COM 口选择和串口线连接无误,则出现芯片的型号;否则,显示检测失败,如图 5-4 所示。
③ 单击"擦除"按钮将芯片内的原有文件清除掉,然后单击"打开"按钮,打开需要下载的十六进制文件,再单击"写入"按钮即可将程序烧录到芯片中,如图 5-5 所示。

第5章 ELITE-III 开发板简介

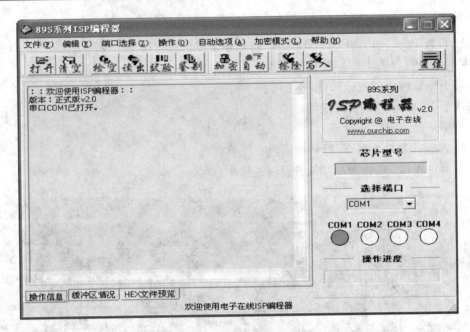

图 5-3 编程器软件界面

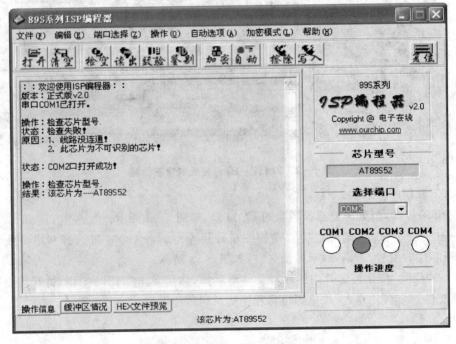

图 5-4 单片机型号检测界面

第5章 ELITE-III开发板简介

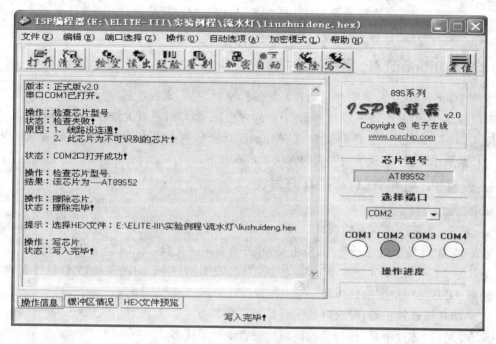

图 5-5 程序烧录成功界面

2. USB 下载

首先,设置 PC 机和 ELITE-III 开发板,步骤如下:

① 将 JP3 跳线接到右边两针。

② 安装 USB 转串口驱动,单击开发板附带光盘的目录"光盘：\ELITE-III\本机驱动\USB 转串口驱动\PL-2303HX 新版驱动"下的"PL-2303 Driver Installer.exe"文件进行安装。

③ 将 USB 与串口切换键弹起。

④ 将单片机放置正确,带缺口的一面朝上。

⑤ 将 Atmel 芯片下载/运行切换按键始终置于下压状态。

⑥ 用 USB 线连接单片机开发系统和 PC 机。

⑦ 开启单片机系统电源开关。

其次,下载程序,步骤如下:

① 单击"电子在线 ISP 编程器 v2.0"快捷方式图标打开 89S 系列 ISP 编程器,同时选择对应的串口。

② 单击"鉴别"按钮,则开发板自动检测出 AT89 系列单片机型号。

③ 单击"擦除"按钮清理掉原芯片中的文件,再单击"打开"按钮打开需要下载的十六进制文件,最后单击"写入"按钮,将程序下载到芯片中。

5.2.2 Winbond78E 系列单片机

华邦 Winbond78E 系列单片机的在系统编程相对于 AT89S 系列单片机、STC89C 系列单片机来说较复杂,但其串口下载和 USB 下载的方法、步骤与后两者大致相同,只须选择相应的串口烧入即可。本小节主要介绍华邦 Winbond78E 系列单片机的 USB 下载方式。Winbond78E 系列单片机 USB 下载方式的方法和步骤如下:

1. 设置 PC 机和 ELITE-III 开发板

其步骤如下:

① 将 JP3 的跳线接到右边两针。

② 安装 USB 转串口驱动程序,单击目录"开发板附带光盘:\ELITE-III\本机驱动\USB 转串口驱动\PL-2303HX 新版驱动"下的"PL-2303 Driver Installer.exe"文件进行安装。

③ 将 USB 与串口切换键弹起。

④ 将单片机放置正确,带缺口的一面朝上。

⑤ ATMEL 芯片下载/运行切换按键始终置于弹起状态。

⑥ 用 USB 线连接单片机开发系统和计算机。

⑦ 开启单片机系统电源开关。

2. 下载程序

其步骤如下:

① 将 ISP 切换按键置于下压状态,打开开发板电源,同时将开发板插上电源,双击"开发板附带光盘:\ELITE-III\开发工具\WINBOND 下载\winbondISP\IspWriter"文件夹下的"8051Ispwriter.exe"文件,则出现编程器界面。

② 单击 Select Chip(选择芯片),选择与之相对应的芯片型号 W78E58B;再单击 Select File0(选择文件),选择需要下载的文件;同时设置好对应的 COM 口,自适应波特率,不用选择波特率,如图 5-6 所示。

③ 单击 ConNect(连接)按钮,几秒钟后 Online 后面显示为 Connected,如图 5-7 所示。

④ 单击 Program All(编译所有程序),几秒后出现如图 5-8 所示界面,此时下载成功。

⑤ 弹起 ISP 切换按钮,拔掉电源重新插上,即可运行程序。

第5章 ELITE-III 开发板简介

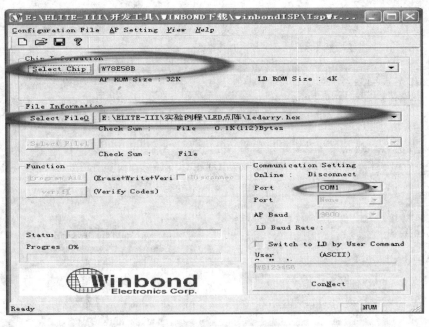

图 5-6 芯片下载设置界面

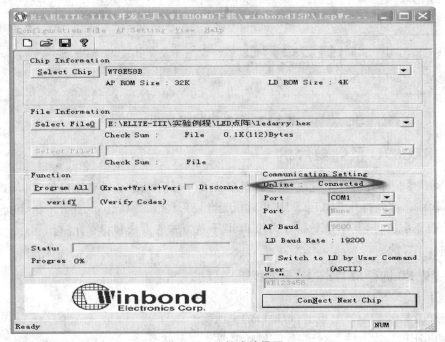

图 5-7 连接成功界面

第 5 章　ELITE-III 开发板简介

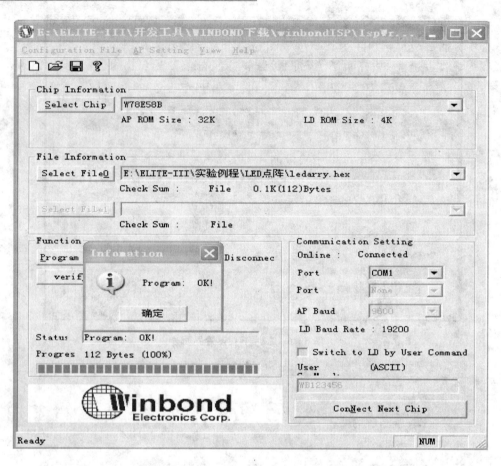

图 5-8　程序下载完成界面

5.2.3　STC89C 系列单片机

STC89C 系列单片机在系统编程的前期准备工作与前两种系列单片机的类似，也需要安装必备的软件。首先打开 ELITE-III 单片机光盘，打开文件"stc-isp-v3.5-setup.exe"，安装 STC ISP 下载软件，其串口下载方式和 USB 下载方式的方法和步骤介绍如下。

1. 串口下载

(1) 设置 PC 机和 ELITE-III 开发板

① 按下 RS232/USB 切换按键。
② 将单片机放置到开发板上，带缺口的一面朝上。
③ ATMEL 芯片下载/运行切换按键始终置于弹起状态。
④ 用串口线连接电脑和单片机开发系统。

第5章　ELITE-III开发板简介

(2) 下载程序

首先，打开 STC 下载软件，并且对它做如下的设置，设置好后如图 5-9 所示。
① 在 MCU Type 中选取 STC 单片机的型号。
② 单击 Open File 按钮，选取需要下载的文件。
③ 在 COM 下拉列表框中选取适当的 COM 口。
④ 设置好后，断开系统电源。

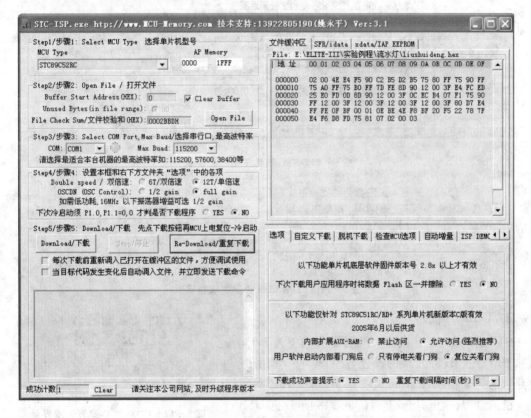

图 5-9　STC 软件设置界面

其次，3 s 之后单击"DOWNLOAD/下载"，然后接通电源，则稍后出现如图 5-10 所示的界面，表示下载成功。

在图 5-9 中的 COM 下拉列表框中必须选取适当的 COM 口，若不清楚是哪个 COM 口被连接，则可以采用以下方法来查询：右击"我的电脑"，选择"管理"，然后再选择"设备管理器"，接着再单击"端口"，则可以看到如图 5-11 的界面，说明串口安装成功，且选择的是 COM7。如果出现如图 5-12 所示的画面，则表示驱动程序没有装成功，可以换个 USB 插口试试或者重新安装驱动程序，这里就不做具体说明。

第5章 ELITE-III开发板简介

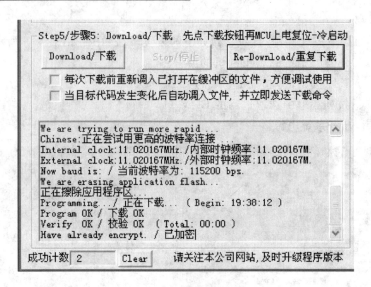

图5-10 STC软件下载成功界面

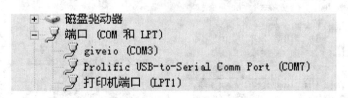

图5-11 COM口驱动安装成功界面

2. USB下载

STC89C系列单片机的USB下载方式中关于PC机和ELITE-III开发板的设置与Winbond78E系列单片机的完全相同,读者可以参照Winbond78E系列单片机的设置,这里只介绍STC89C系列单片机USB下载方式的程序下载方法,其步骤如下:

图5-12 COM驱动安装失败界面

首先,设置STC_ISP_V3.5软件,设置界面如图5-13所示,方法和步骤如下:
① 在MCU Type下拉列表框中选取STC单片机型号。
② 单击Open File按钮,选取需要下载的文件。
其次,单击"DOWNLOAD/下载"按钮,则稍后出现如图5-14所示的界面,表示程序处于下载状态。
最后,将开发板重新启动。单片机上电复位后,若出现如图5-15所示界面,则表示下载成功。

第5章 ELITE-III 开发板简介

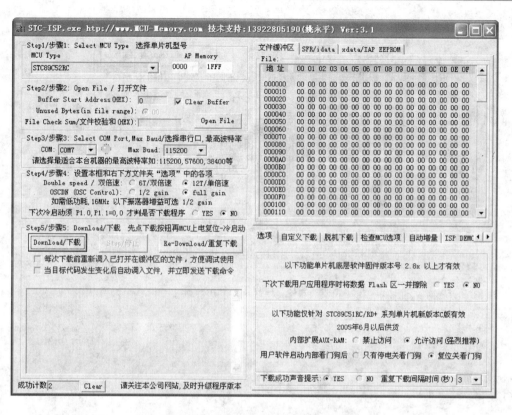

图 5-13 STC 下载设置界面

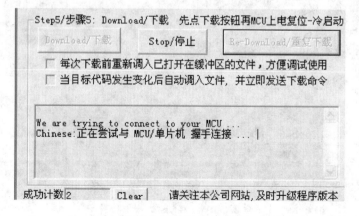

图 5-14 程序下载状态界面

第 5 章 ELITE-III 开发板简介

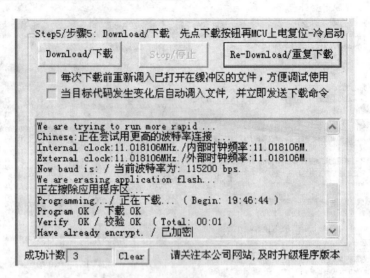

图 5-15 程序下载完成界面

第 6 章

ELITE-III 开发应用实例

6.1 流水灯控制系统设计

流水灯是指若干个灯泡(或 LED 发光二极管)按一定顺序依次点亮的一种装置,有时也称跑马灯,可用在夜间建筑物的装饰等方面。流水灯控制系统是单片机最简单的控制系统之一,具有电路简单、设计灵活、控制方便等特点,是单片机入门开发的首选,几乎所有的单片机开发板都提供流水灯控制系统。本节以 ELITE-III 开发板为例,介绍流水灯控制系统的设计。

6.1.1 流水灯的硬件电路

1. 发光二极管与单片机的接口

(1) 发光二极管

发光二极管简称为 LED,是一种特殊的二极管,也具有单向导电性,其正向导通电压一般为 1.75 V 左右。发光二极管通常由镓(Ga)与砷(AS)、磷(P)的化合物制成,可以把电能转化成光能,在电子仪器及其他电器设备中作为指示灯,或者组成文字或数字显示。磷砷化镓二极管发红光,磷化镓二极管发绿光,碳化硅二极管发黄光。发光二极管的电路符号如图 6-1 所示。

图 6-1 发光二极管电路符号

(2) 发光二极管与单片机的接口

LED 发光二极管与单片机的接口一般可以分为直接式、扫描式与多路复用式 3 种,其接口电路如图 6-2 所示。

直接式:LED 发光二极管的一端(一般是阴极)直接连到对应单片机的一个输出引脚,另一端通过限流电阻接到电源 V_{CC},如图 6-2(a)所示。使用这种连接方式时,单片机的一个 I/O 端口(P0、P1 或 P2)最多只能控制 8 个 LED 发光二极管。当单片机的对应引脚输出低电平时,电流从 V_{CC} 经限流电阻、发光二极管后流入单片机,发光二极管开始发光,其发光亮度可由串联的限流电阻控制;当对应引脚输出高电平时,没有电流通过 LED 发光二极管,发光二极管熄灭。

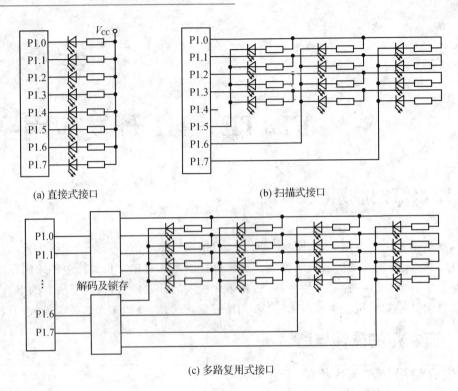

图 6-2 发光二极管与单片机的接口

扫描式：LED 发光二极管被设计成行列形式的矩阵，其中，各行各列分别接到对应单片机的一个唯一输出引脚，如图 6-2(b) 所示。当单片机对应行、列的引脚分别输出高和低电平时，电流从单片机输出高电平的引脚经限流电阻和 LED 流入到另一个引脚，LED 发光二极管开始发光。在扫描式连接时，为了让 LED 发光二极管显示一个固定的状态，必须有相应的软件扫描程序维持输出的信号。在此种方式下，单片机的一个端口最多可控制 16 个 LED 发光二极管。如果两个端口结合使用，一个端口控制行信号，另一个端口控制列信号，则可以控制 64 个 LED 的状态。

多路复用式：多路复用式与扫描式类似，也是将 LED 发光二极管组织成行列形式的矩阵，但是矩阵的行、列信号是由单片机外置的多路解码及锁存芯片进行控制，因此实现了多于单片机输出端口数目的 LED 发光二极管阵列，本质上就是扫描式的扩充，如图 6-2(c) 所示。

在一个具体的单片机嵌入式系统设计中采用哪种接口方式，主要由产品的需求、单片机的性能指标、预期的生产成本等因素决定。例如，设计一个大型 LED 点阵显示屏，则必须采用复用式的接口方式或其他的专用接口芯片，因为没有任何一种型号的单片机具有如此多的 I/O 端口供用户使用。而对于一般的流水灯(跑马灯)控制系统，由于流水灯只有 8 位，结构简单，在单片机引脚资源不紧张的情况下，通常采用直接式进行连接。

2. 流水灯硬件电路

单片机控制的流水灯系统如图6-3所示。图中,单片机的P1口接8个发光二极管(LD1~LD8)的阴极,控制发光二极管的亮灭。电源V_{CC}经开关JP1后,通过8个限流电阻(R57~R64)接到发光二极管的阳极。开关JP1接通时,发光二极管可以发光,显示流水灯的工作状态;断开时,发光二极管不能发光。

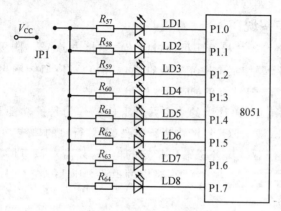

图6-3 流水灯硬件电路

6.1.2 流水灯软件设计

本小节的流水灯由8个LED发光二极管组成,通过单片机的P1口进行驱动,电路如图6-3所示。当8个发光二极管按一定顺序依次点亮时,显示流水灯的工作状态。在流水灯控制系统中,每个发光二极管亮的状态都需要持续一段时间,这段持续时间在单片机控制系统中一般有两种方法实现:定时器中断延时或软件延时。由于51系列单片的定时器资源有限(8051只有的2个定时器,8052也只有3个),所以在流水灯这种系统任务不多且对定时时间要求不是十分严格的情况下,一般采用软件延时。

1. 软件延时程序

软件延时一般通过重复运行一段程序(循环程序)来实现,以下程序可实现软件延时功能:

```
void delay()
{    unsigned int j;
     for(j = 0;j < 20000;j++);
}
```

改变变量j的取值范围,则可以改变延时时间。如果延时时间不够,可以通过两层或多层循环来增加延时时间:

```
void delay()
{    unsigned int i,j;
     for(i = 0;i < 20;i++)
         for(j = 0;j < 2000;j++);
}
```

延时时间是原来单层循环的 20 倍。

2. 流水灯的软件实现

由于图 6-3 的 8 个发光二极管阳极通过限流电阻接电源 V_{cc}，阴极则分别连接到单片机 P1 口的 8 根口线。因此，要使某个发光二极管亮，只需在对应口线输出低电平即可；反之，如果要让某个发光二极不亮，则只须在对应口线输出高电平。

在 C51 程序设计语言中，单片机的 4 个并行 I/O 口作为特殊功能寄存器使用，以变量的形式在库函数 REG52.h(或 REG51.h)中进行定义(各并行口的口线，可以以位变量的形式使用)。因此，要使某个并行 I/O 口各位输出指定的电平，只需对该口所对应的变量赋值即可。例如，要让 P1 口输出二进制数 10100110 对应的电平，则只需在 C51 程序中执行下列语句即可：

```
P1 = 0x0A6;
```

对于图 6-3 的硬件电路，如果要使 8 个发光二极管以流水灯的效果按顺序点亮，则只需对 P1 口的各位从最低位开始依次赋"0"(其他各位赋值为"1")。完成这一操作，可在一个循环中用左移 1 位再加"1"的算法实现。假定用变量 disp 为 P1 赋值，且 disp 初始值为 0xFE，则完成流水灯效果的程序段为：

```
P1 = disp;
delay();
for(i = 0;i < 7;i++)
{
    disp = disp<<1;          //disp 左移 1 位
    disp = disp + 1;         //最低位补"1"

    P1 = disp;
    delay();
}
```

综上所述，图 6-3 电路中 P1 口控制 8 个发光二极管显示流水灯效果的完整程序为：

```
#include <reg52.h>
/************************* 延时函数 *******************************/
void delay()
```

```c
{
    unsigned int j;
    for(j = 0;j < 20000;j++);
}
/***************************** 主程序 *******************************/
main()
{
    unsigned char  i ,disp;
    P1 = 0xff;                          //关 P1 口
    while(1)
    {
        disp = 0xfe;                    //变量初值
        P1 = disp;
        delay();
        for(i = 0;i < 7;i++)
        {
            disp = disp << 1;           //disp 左移 1 位
            disp = disp + 1;            //最低位补"1"
            P1 = disp;
            delay();
        }
        P1 = 0xff;                      //关 P1 口
        delay();
    }
}
```

3. 花样流水灯

对上述程序稍加修改就可以显示花样流水灯的效果,如亮灯左移、亮灯右移、亮灯从两边向中间移再从中间向两边移等。以下为亮灯从两边向中间移动再由中间向两边移动的花样流水灯程序,程序中流水灯效果是采用两个变量移位相加再取反的算法实现的,变量的初值分别为 0x01 和 0x80(若采用上述程序的方法,则可用两个变量分别移位加 1,再相与的算法,变量初值分别为 0xFE 和 0x7F)。

```c
#include <reg52.h>
/***************************** 延时函数 *******************************/
void delay()
{
    unsigned int j;
    for(j = 0;j < 20000;j++);
```

}
/*************************** 主程序 ***************************/
main()
{
    unsigned char i,disp,disp1,disp2;
    P1 = 0xff;   //关 P1 口
    while(1)
    {
        disp1 = 0x01;   //变量初值
        disp2 = 0x80;
        disp = disp1 + disp2;
        P1 = ~disp;
        delay();
        for(i = 0;i < 7;i++)   //跑 P1 口
        {
            disp1 = disp1 << 1;   //disp1 左移 1 位
            disp2 = disp2 >> 1;   //disp2 右移 1 位
            disp = disp1 + disp2;   //两个变量移位相加
            P1 = ~disp;   //取反赋值
            delay();
        }
        P1 = 0xff;   //关 P1 口
        delay();
    }
}
```

### 4. 蛇形花样

蛇形花样是指流水灯显示的花样像蛇一样不停地游走，与前述流水灯不同的是：蛇形花样需要多个连续的发光二极管同时亮并流动。一段 4 位长的蛇形花样流水灯随时间变化的示意图如图 6-4 所示。实现图 6-4 所示蛇形花样流水灯的程序为：

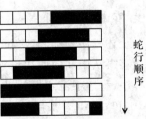

**图 6-4 蛇形花样示意图**

```c
#include <reg52.h>
/*************************** 延时函数 ***************************/
void delay()
{
    unsigned int j;
```
```

```c
        for(j = 0;j < 20000;j ++ );
}
/ ****************************** 主程序 ******************************/
main()
{
    unsigned char  disp;
    P1 = 0xff;                          //关 P1 口
    disp = 0x0f;                        //变量初值
    while(1)
    {
        P1 = ~disp;                     //取反输出
        delay();
        if((disp & 0x01) && (disp & 0x80))
        {
            disp = disp << 1;           //两头都有灯亮,则左移加 1
            disp + = 1;
        }
        else
            disp = disp << 1;           //不是两头灯都有灯亮,只左移
        if(disp == 0xe0)
            disp + = 1;                 //左边有 3 个灯亮,则最右边灯也亮
    }
}
```

6.1.3 利用定时器中断产生延时

定时器中断延时属硬件延时,是利用单片机自带(或外接)的定时/计数器每隔一定时间产生一个中断;当中断产生时,才做相应工作来完成延时任务的。利用定时器中断产生延时,不会使程序停留在某一个地方等待延时时间到,CPU 可以继续做其他的工作,提高了 CPU 的工作效率。在单片机系统比较复杂、CPU 任务比较繁重或者系统要求的延时时间比较精确时,常使用定时器中断来实现延时功能。

定时器中断延时的长短主要由系统时钟频率和定时器的计数初值决定。在系统要求的延时时间较短时,可直接在中断服务程序中执行有延时要求的任务;当要求的延时时间较长、需产生多次定时器中断才能到达延时时间时,不能在中断服务程序中执行有延时要求的任务。此时一般用 1 个(或多个)变量来记录中断的次数,当中断次数与 1 次中断产生的延时时间相乘达到延时要求时,再在主程序中执行有延时要求的任务。

对于前述基本流水灯控制程序,若采用定时器 0 中断产生延时,假定系统时钟频率为 11.059 2 MHz,每个灯亮的延时时间为 0.5 s,则可求得计数次数 X 为:

第6章 ELITE-III 开发应用实例

$$X = \frac{时钟频率 \times 延时时间}{12} = \frac{11.059\ 2 \times 10^6 \times 0.5}{12} = 460\ 800$$

当定时器0工作于方式1时,最大计数次数为65 536,显然需要多次中断才能达到系统规定的延时时间。为简便起见,可设中断次数 number=10,则定时器的计数初值 X 为:

$$X = 65\ 536 - 460\ 800/10 = 19\ 456 = 0x4C00$$

根据以上计算和说明,可写出利用定时器中断实现延时的基本流水灯程序为:

```
#include <reg52.h>
unsigned char numb = 0;                    //定义全局变量 numb 记录中断次数
/****************************** 主程序 ******************************/
main()
{
    unsigned char  i = 0 , disp;
    TMOD = 0x01;                           //定时器0工作于方式1,定时模式
    TH0  = 0x4c;                           //定时 50ms
    TL0  = 0x00;
    IE   = 0x82;                           //开中断,允许定时器0中断
    TR0  = 1;                              //启动定时器0
    disp = 0xfe;                           //变量赋初值
    while(1)
    {
        if(i == 8)                         //流水8次,变量重赋初值
        {
            i = 0;
            disp = 0xfe;
        }
        if(numb == 10)                     //定时器0中断10次,左移1位
        {
            i += 1;
            numb = 0;
            disp = disp <<1;
            disp = disp +1;
        }
        P1 = disp;                         //变量值送 P1 口,控制发光二极管
    }
}
/****************************** 定时器0中断程序 ******************************/
void timer0() interrupt 1
{
```

```
        EA   =  0;             //关中断
        TR0  =  0;             //定时器0停止计数
        TH0  =  0x4c;          //重写定时器0,定时50 ms
        TL0  =  0x00;
        TR0  =  1;             //启动定时器0
        EA = 1;                //开中断
        numb + = 1;            //中断次数加1
    }
```

6.2 I/O口的高级应用

6.2.1 数码管显示器

在单片机系统中,常用LED数码管作为显示输出设备来显示单片机控制系统的工作状态、运算结果等相关信息。虽然LED数码管显示器显示的信息简单,但具有显示清晰、亮度高、使用电压低、寿命长、与单片机接口方便等特点,是单片机控制系统进行人机对话的重要输出设备。

1. LED数码管

(1) LED数码管的构造及特点

LED数码管的内部实际上由8个发光二极管构成。其中,7个发光二极管为线段形(叫做字段),排列成的字符"8"的形状;另一个发光二极管为圆点形状,安放在显示器的右下角作为小数点。发光二极管亮暗的不同组合,可以显示0~9的数字符号或其他能由这些字形线段构成的各种字符。LED数码管的字形结构如图6-5所示。

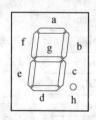

图6-5 LED数码管的字形结构

从内部结构上看,LED数码管中的发光二极管有两种连接方式:一种是共阳极连接,数码管内部8个发光二极管的阳极(正极)全部连接在一起组成公共端,阴极则各自独立引出,其内部电路如图6-6所示。使用时一般将公共端(阳极)接电源V_{CC},阴极通过限流电阻接至驱动电路的输出端(或单片机的I/O口)。单片机的口线输出低电平时,对应的发光二极管点亮;输出高电平时,则不亮。另一种是共阴极连接方式,数码管内部8个发光二极管的阴极(负极)连接在一起组成公共端,阳极则各自独立引出,其内部电路如图6-7所示。使用时公共端(阴极)接地,阳极通过限流电阻接至驱动电路的输出端(或单片机的I/O口),单片机的口线输出高电平时,对应的发光二极管亮,输出低电平时则不亮。

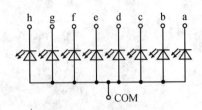
图 6-6 共阳极数码管内部结构

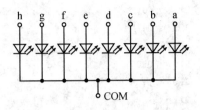
图 6-7 共阴极管数码管内部结构

驱动电路中限流电阻 R 的值通常根据 LED 的工作电流计算得到,即 $R=(V_{CC}-V_{LED})/I_{LED}$。式中,$V_{CC}$ 为电源电压(+5 V),V_{LED} 为 LED 的正向压降(约 1.8 V),I_{LED} 为数码管中单片 LED 的工作电流(1~20 mA)。因此,限流电阻一般取几百欧姆。

(2) LED 数码管的字形编码

为了让 LED 数码管显示数字或符号,需要为数码管提供相应的显示代码。由于这些代码是用于显示字形的,所以也称为字形码或字段码。

7 段发光二极管加上一个小数点位,共 8 位代码,由一个字节的二进字数组成。这个字节的各数据位与数码管各字段的对应关系如表 6-1 所列。与十六进制数对应的 LED 数码管显示器的 7 段字形(段)二进制编码如表 6-2 所列。

表 6-1 数据位与字段的对应关系表

数据位	D7	D6	D5	D4	D3	D2	D1	D0
显示段	h(或称 dp)	g	f	e	d	c	b	a

表 6-2 数码管 7 段字形编码表

显示字形	共阴极段码	共阳极段码	显示字形	共阴极段码	共阳极段码
0	0x3F	0xC0	9	0x6F	0x90
1	0x06	0xF9	A	0x77	0x88
2	0x5B	0xA4	B	0x7C	0x83
3	0x4F	0xB0	C	0x39	0xC6
4	0x66	0x99	D	0x5E	0xA1
5	0x6D	0x92	E	0x79	0x86
6	0x7D	0x82	F	0x71	0x8E
7	0x07	0xF8	全灭	0x00	0xFF
8	0x7F	0x80			

需要指出的是:上表的字段码并不是绝对的,字段码其实由各字段在字节中的位置决定。

如果字段码按格式"gfedcba"形成,则对于字符"0",其字段码为0x3F(共阴);而如果字段码按格式"abcdefg"而定,则字符"0"的字段码将变成0x7E(共阴)。也就是说,字符的字段码可由设计者自行设计,不必拘泥于表6-1和表6-2。

2. 数码管的静态显示

在实际应用中,LED数码管显示器的显示方式有两种:静态显示法和动态扫描显示法。静态显示就是数码管的段线在一定时间内输入固定不变的字段码,静态地显示同一个字符。数码管工作于静态显示方式时,各位数码管的公共端阴极(或阳极)直接接地(或+5V电源),每位的段线(a~h)分别独占一个具有锁存功能的输出口线,CPU把欲显示的字形代码送到输出口上,就可以使显示器显示所需的数字或符号。此后,即使CPU不再去访问它,数码管显示的内容也不会消失。

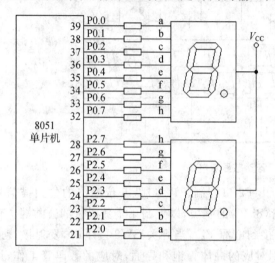

图6-8 数码管静态显示电路

静态显示法的优点是显示程序简单,显示亮度高,占用CPU的工作时间少(CPU不必经常去扫描显示器);缺点是占用I/O口较多,硬件成本也较高。静态显示常用在显示器数目较少的系统中。图6-8是一种两个共阳极数码管静态显示电路的示意图,利用该电路,在两个数码管上静态显示"78"两个字符的程序段为:

```
P0 = 0xF8;
P2 = 0x80;
```

3. 动态扫描显示

动态扫描显示是单片机应用系统中最常见的显示方法之一,是把所有显示器8个字段a~h的各同名端并联在一起,并把它们接到字段码I/O输出口上。为了防止各个显示器同时显示同一个字符,各显示器的公共端并不接到电源或地,而是接到另一组控制信号,即位输出口上。在动态扫描显示方式下,一组数码管显示器需要两组信号来控制:一组是字段码输出口输出的字形代码,用来控制显示的字符形状;另一组是位输出口输出的控制信号,用于控制哪一位显示器工作,也称为位码。在两组信号的共同控制下,可以按顺序一位一位地轮流点亮每个显示器,显示各自的字符,以实现数码管的动态扫描显示。由于LED具有余辉特性及人眼的视觉残留现象,尽管各位显示器实际上是分时断续显示,但只要选取适当的扫描频率,给人眼的感觉就会是连续稳定的显示,不会察觉到闪烁现象。

第 6 章 ELITE-III 开发应用实例

由于动态扫描显示方式中各个数码管的字段线是并联使用的,极大地简化了硬件电路,所以特别适用于多个数码管的显示系统。在 ELITE-III 开发板中,6 个共阳极数码管的动态扫描显示电路如图 6-9 所示。

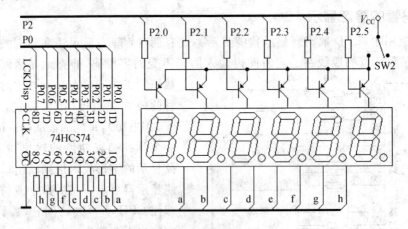

图 6-9 数码管动态显示电路

图中,6 个共阳极数码管的位线(公共端)由 P2 口控制。P2 口低 6 位输出的位扫描信号通过限流电阻后分别接到 6 个 PNP 型晶体管(8550)的基极,以控制 1 个数码管的公共端。各晶体管的发射极并联在一起,经开关 SW2 后接到电源 V_{CC},当开关 SW2 按下时,发射极接通电源。此时,如果 P2 口某 1 位输出低电平,则对应的晶体管饱和导通,对应的数码管工作,可以显示字符。

所有数码管的各字段线同名端并联在一起,连接到锁存器 74HC574 的 8 个输出端,锁存器的 8 个输入端则连接到单片机的 P0 口。锁存器的片选信号 $\overline{OC}$ 直接接地,信号选通与锁存输入端 CLK 则连接到开发板上 3-8 译码器 74HC138 的 $\overline{Y2}$(LCKDisp)输出端。由于 74HC574 是上升沿触发的锁存器,因此,当 CLK 收到 1 个上升沿信号时,可将单片机 P0 口输出的字段码锁存在 74HC574 的输出端,供对应的数码管显示。开发板上译码器 74HC138 的 3 个译码输入端分别接单片机的 P1.4、P1.5、P1.6,片选输入端 S1 接 P1.7(其他两个片选信号直接接地)。由此可知:当 P1.4=0,P1.5=1,P1.6=0,P1.7=1 时,锁存器的 CLK 端收到低电平信号;当 P1.7=0(或改变 P1.4、P1.5、P1.6 的值)时,CLK 端将变为高电平,得到 1 个上升沿信号,可将 P0 口输出的字段码锁存在锁存器的输出端。译码器与单片机的接口电路如图 6-10 所示。

当单片机 P2 口低 6 位输出低电平有效的扫描信号后,6 个数码管按顺序轮流工作,此时如果锁存器 74HC574 输出对应的字段码,则由于 LED 具有余辉特性及人眼的视觉残留现象,我们将会看到在 6 个数码管上连续稳定地显示指定的字符。

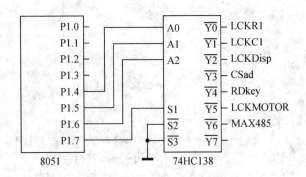

图 6-10 译码器与单片机的接口

4. 动态显示程序设计

基于图 6-9 和图 6-10 所示的电路,使 6 个数码管动态显示 0~5 等 6 个字符的程序为:

```c
#include <reg52.h>
#define uchar   unsigned char
sbit addr0 = P1^4;
sbit addr1 = P1^5;
sbit addr2 = P1^6;
sbit addr3 = P1^7;
//行扫描数组
uchar code scan[6] = {0xfe,0xfd,0xfb,0xf7,0xef,0xdf}; //row0~row5
//数码管的段码表
uchar code table[18] = {0xc0,0xf9,0xa4,0xb0,       //0,1,2,3
                        0x99,0x92,0x82,0xf8,       //4,5,6,7
                        0x80,0x90,0x88,0x83,       //8,9,a,b
                        0xc6,0xa1,0x86,0x8e};      //c,d,e,f
/***************************延时函数****************************/
void  delay(unsigned int loop)
{
    unsigned int i;
    for(i = 0;i < loop;i++);
}
/***************************主函数******************************/
main()
{
    unsigned char i,dispvalue;
    while(1)
    {
```

```
        for(i = 0;i < 6;i++)
        {
            addr0 = 0;
            addr1 = 1;
            addr2 = 0;              //74HC574 的片选地址
            P0 = 0xff;              //关显示
            addr3 = 1;
            addr3 = 0;              //在 LCKDisp(锁存信号)产生上升沿
            P2 = scan[i];           //取 row0～row5 行扫描数据
            addr0 = 0;
            addr1 = 1;
            addr2 = 0;              //74HC574 的片选地址
            dispvalue = table[i];   //取一行显示数据
            P0 = dispvalue;
            addr3 = 1;
            addr3 = 0;              //在 LCKDisp(锁存信号)产生上升沿
            delay(50);              //延时 50 μs
        }
    }
```

6.2.2 键盘接口

键盘是单片机应用系统中最常用的输入设备之一,能够向单片机输入数据、传送命令,实现简单的人机对话功能,是人工干预单片机系统的主要手段。

在单片机应用系统中,键盘的结构一般有两种形式:独立式键盘和矩阵式键盘。独立式键盘的各键相互独立、互不干扰,每个按键都单独接在单片机的一根 I/O 口线上;矩阵式键盘也称为行列式键盘,由 I/O 口线组成行、列式结构,键位则设置在行、列线的交叉点上。

1. 键盘的工作原理

键盘实质上是一组按键开关的集合,开关在平时总是处于断开的状态,只有在按键被按下时,开关才闭合。按键的结构和产生的波形如图 6-11 所示。

在图 6-11(a)中,按键开关的一端接地,另一端分两路:一路接单片机的 P1.0;另一路经上拉电阻接电源 V_{CC}。当按键未被按下时,开关处于断开状态,输出高电平;当按下按键后,开关闭合,输出低电平。

(1) 按键的检测

按键未被按下时,开关输出高电平;按下后,开关输出低电平。因此,系统可以通过读 P1.0 口,然后根据 P1.0 输入电平的状态来判断按键是否按下:如果 P1.0 输入为高电平,则

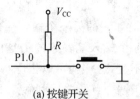
(a) 按键开关

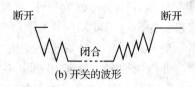
(b) 开关的波形

图 6-11 按键的结构及波形

说明键没有按下；如果输入低电平，则表示按键已经按下。

在 C51 程序设计语言中，读取按键值的操作可通过赋值语句完成。假定某按键接在单片机的 P1.0 口线上（如图 6-11 所示），则下列程序段可实现按键的读取和检测：

```
sbit key0 = P1^0;
……
a = key0;                    //读按键的值
if(a == 0)                   //检测按键是否按下
{ …… }
```

有时为了简化程序，也可直接通过一判断语句完成按键的读取与检测：

```
sbit key0 = P1^0;
……
if(key0 == 0)                //读按键并检测按键是否按下
{ …… };
```

(2) 抖动的消除

通常按键开关都是机械式开关，由于机械触点的弹性作用，按键开关在闭合时并不会马上稳定地接通，弹开时也不会马上断开。在闭合与断开的瞬间都会伴随着一连串的抖动，其波形大致如图 6-11(b)所示。抖动时间的长短由按键开关的机械特性决定，一般为 5~10 ms。这种抖动对人来说可能感觉不到，但对单片机系统来说，完全可以检测到。在单片机系统中，如果对抖动不做处理，则必然出现按一次键，系统会多次读入同一个按键值的现象。为确保按一次键，系统只能读到一次按键值，必须消除按键抖动的影响。消除按键抖动的方法通常有两种：硬件去抖和软件去抖。

硬件去抖是在按键的输出部分增加一定的处理电路来消除抖动的。实际应用中，一般采用 R-S 触发器或单稳态电路，如图 6-12 所示。

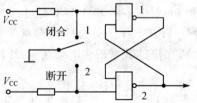

图 6-12 R-S 触发器构成的硬件去抖电路

综合图 6-11(b)和在图 6-12 可知：当开关接到触点 1 后，第一个抖动波形的低电平到来时,"与非门"1 的一个输入端输入低电平,则输出为高电平。此时"与非门"2 的两个输入端都输入高电平,则"与非门"2 输出低电平,反过来使"与非门"1 的另一个输入端也输入低电平。当第一个抖动波形变为高电平后,由于"与非门"1 的另一个输入端输入的仍是低电平,所以输出能保持高电平不变,则使"与非门"2 保持低电平输出不变,这样就可以去除掉开关闭合产生的抖动影响,使"与非门"2 的输出端输出稳定不变的低电平;当开关接到触点 2 后,由于两个"与非门"的共同作用,同样可以去除掉接触瞬间抖动的影响,使"与非门"2 能输出稳定不就的高电平。

软件去抖是利用一段延时程序来跳过抖动的过程:当系统检测到有键按下时,先运行一段大于 10 ms 左右的程序,然后再次检测是否有键按下(此时抖动过程已结束,按键已稳定),如果有键按下,再判断是哪个键被按下,并根据不同的按键执行不同的程序。单片机系统中,键盘的处理过程多采用软件去抖的方法。

(3) 键位的编码

键位的编码用于确定按键在键盘中所处的位置。在一个单片机应用系统中,键盘通常包含多个按键,这些键一般都通过 I/O 口线来连接。按下一个键后,单片机通过键盘接口电路可以得到该键的编码。键盘的键位怎样编码,是键盘工作过程中一个很重要的问题,常用的键盘编码方式有两种:

① 用连接键盘 I/O 口线的二进制数组合进行编码。例如,由 4 行线、4 列线构成的 16 键矩阵键盘,可使用一个 8 位 I/O 口的二进制组合表示 16 个键的编码,其编码值如图 6-13(a)所示(行的上边为二进制数的高位、列的左边为二进制数的高位)。例如,第 2 行(从下向上数)、第 3 列(从右向左数)的按键,其键位的行编码为 0010,列编码为 0100,则 8 位二进制数的编码为 00100100,用十六进制数表示,则键位编码为 24。这种编码方式虽然简单,但由于编码值不连续,在程序中处理起来不是很方便。

② 顺序排列编码。这种编码方式下,获得编码值时应根据行线和列线进行相应的处理。一般处理方式为:编码值=行首编码值 X+列号 $Y-1$。其中,行首编码值为总列数 K 乘以该键所在的行 n 减 1(即 $n-1$)。例如,由 4 行线、4 列线构成的 16 键矩阵键盘,其第 3 行、第 2 列按键的编码值为 $4\times(3-1)+2-1=9$。4 行、4 列矩阵键盘的顺序编码如图 6-13(b)所示。

2. 独立式键盘与单片机的接口

独立式键盘的各键相互独立、互不干扰,每个按键都单独接在一根 I/O 口线上。实际应用时,可以通过直接检测 I/O 口线的电平状态来判断哪个按键按下了。独立式键盘的电路灵活、程序简单。但由于每个按键都要占用一根 I/O 口线,在按键数量较多时,I/O 口线的浪费很大,故独立式键盘常用在按键数量不多的场合。

独立式键盘的按键获取有中断方式与查询方式两种。在 MCS-51 系列单片机中,使用中断方式时,键盘只能直接(或通过一个门电路)接到单片机的 P3.0 或 P3.1 口上,查询方式则可以接到单片机的任意口线。独立式键盘与单片机的接口电路如图 6-14 所示。

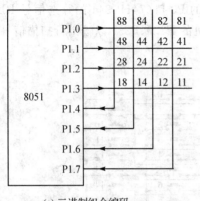
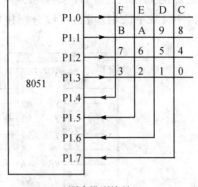

(a) 二进制组合编码　　　　　　(b) 顺序排列编码

图 6-13　键位的编码

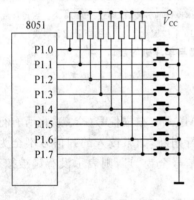
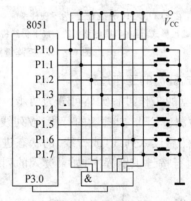

(a) 查询方式的独立键盘　　　　(b) 中断方式的独立键盘

图 6-14　独立式键盘与单片机的接口

3. 矩阵式键盘与单片机的接口

矩阵式键盘也称为行列式键盘，由 I/O 口线组成行、列式结构，键位则设置在行、列线的交叉点上，其结构如图 6-13 所示。图中，P1 口的 8 根线分成两组，构成 4 行、4 列的矩阵键盘，可控制 16 个按键。与一根线控制一个按键的独立式键盘相比，矩阵式键盘少用了一半的接口线，节约了硬件资源，而且需要的按键越多，情况越明显。因此，在按键数量较多时，常采用矩阵式键盘。

矩阵式键盘的连接方法有多种：可直接与单片机的 I/O 口线相连；也可通过扩展的并行接口芯片（如 74HC244、8255A 等）与单片机相连；还可利用可编程的键盘、显示接口芯片（如 8279 等）与单片机相连。图 6-15 是 ELITE-III 开发板上矩阵键盘与单片机的接口电路，图中，矩阵键盘的列线通过 74HC244 接到单片机的 P0 口（74HC244 的片选信号 RDkey 由地址译码器 74HC138 的 $\overline{Y4}$ 提供）；行线分别接单片机的 P2.0、P2.1 以输出行扫描信号。

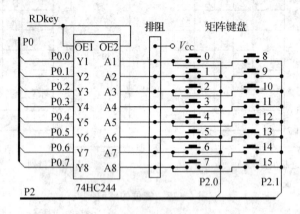

注：在 ELITE-III 开发板上，为了硬件系统总体设计的方便，电路设计时 16 个按键设计成 2×8 的矩阵键盘形式，但在印刷电路板的布局上仍然将 16 个按键设计 4×4 的矩阵键盘形式。

图 6-15 矩阵键盘与单片机的接口

(1) 矩阵式键盘的工作过程

矩阵式键盘的工作过程大体可分为两步：

① 按键检测。CPU 向键盘的行线（或列线）送入全扫描信号（全 0），将所有行线（或列线）置为低电平。然后读入列线（或行线）的状态进行判断，如果读入的列信号不全为"1"，则表示有键被按下，执行按键识别程序；如果读入的列信号全为"1"，则表示没有键被按下，不执行按键识别程序。

② 按键识别。CPU 向键盘的行线（列线）送入扫描信号，将行线（列线）按顺序逐一置为"0"（称为逐行扫描）。每送一次扫描信号，读一次列线（行线）的状态，如果读到的状态数据全为"1"，则表示此行没有键被按下；如果读到的数据不全为"1"，则表示此行有键被按下。假定在正常操作时只有一个键按下，则程序可根据 CPU 输出的行（列）扫描信号和读入的列（行）状态数据判断出是哪一个键被按下。例如，有一个由 2 行 8 列组成的矩阵键盘，当 CPU 输出的行扫描信号为 01 时，如果读入的状态信息为 11101111，便表示键盘的第二行、第五列的键被按下了。

(2) 矩阵键盘的工作方式

在单片机系统中，检测键盘上有无按键按下常采用 3 种方式：查询方式、定时扫描方式和中断方式。

① 查询方式。直接在主程序中插入键盘检测子程序，每执行一次主程序就执行一次键盘检测子程序，对键盘进行一次检测。如果没有键按下，则跳过按键识别，继续执行主程序；如果有键按下，则运行键盘扫描子程序对按键进行识别，得到按键的编码值，然后根据编码值进行

② 定时扫描方式。利用单片机内部定时器产生定时中断（如 10 ms 定时），当定时时间到时，CPU 执行定时器中断服务子程序，对键盘进行扫描。如果有键按下，则进行按键识别，并得到按键的编码值，再根据编码值进行相应的处理。

定时扫描与查询方式的区别是不受主程序大小的影响，总是每隔一段固定的时间扫描一次键盘。

③ 中断方式。通过增加一根外中断请求信号线来检测有无键按下，当键盘上有键按下时，向 CPU 发出中断请求，CPU 执行中断服务子程序，对键盘进行扫描，得到按键的编码值，再根据编码值进行相应的处理。如果没有按键，则不产生中断请求。

中断方式与定时扫描方式的区别是并不在规定时间内扫描键盘、检测有无键按下，而是在有键按下产生中断后，才扫描键盘，并得到相应按键的编码值。

在单片机应用系统中，大多数情况下并没有按键输入。但无论是查询方式还是定时扫描方式，CPU 都会不断地对键盘进行检测，这样会占用 CPU 的很多执行时间。为了提高 CPU 的工作效率，在 CPU 工作比较繁忙的情况下，一般采用中断方式读取键盘。

图 6-15 所示电路在查询方式下完成按键的检测、识别、编码，并利用图 6-9 所示数码管动态显示电路的最后一位数码管显示其按键值的程序如下：

```c
#include <reg52.h>
#define uchar unsigned char
sbit addr0 = P1^4;
sbit addr1 = P1^5;
sbit addr2 = P1^6;
sbit addr3 = P1^7;
//行扫描数组
uchar code scan[6] = {0xfe,0xfd};              //row0、row1
//数码管的段码表
uchar code table[18] = {0xc0,0xf9,0xa4,0xb0,   //0,1,2,3
                        0x99,0x92,0x82,0xf8,   //4,5,6,7
                        0x80,0x90,0x88,0x83,   //8,9,a,b
                        0xc6,0xa1,0x86,0x8e};  //c,d,e,f
/***************************延时函数****************************/
void delay(unsigned int loop)
{
    unsigned int i;
    for(i = 0;i < loop;i++);
}
/***************************显示函数****************************/
```

```c
void display()
{
    P2       = 0xdf;
    addr0 = 0;
    addr1 = 1;
    addr2 = 0;                          //74HC574 的片选地址
    dispvalue = table[keyvalue];        //取一行显示数据
    P0 = dispvalue;
    addr3 = 1;
    addr3 = 0;                          //在 LCKDisp(锁存信号)产生上升沿
    delay(50);                          //延时 50 μs
}
/*************************** 读键函数 *************************/
void ledscan()
{
    uchar i,key;
    addr3 = 0;
    addr0 = 0;
    addr1 = 1;
    addr2 = 0;                          //74HC574 的片选地址
    P0       = 0xff;                    //关显示
    addr3 = 1;
    addr3 = 0;                          //在 LCKDisp(锁存信号)产生上升沿
    for(i = 0;i < 2;i++)
    {
        P2       = scan[i];             //取 row0、row1 行扫描数据
        addr0 = 0;
        addr1 = 0;
        addr2 = 1;                      //74HC244 的片选地址
        addr3 = 1;
        P0       = 0xff;                //准备读取按键
        if((P0 != 0xff) && keybit == 0) //有按键且按键标志未被清除
        {
            delay(50);                  //延时去抖
            if(P0 != 0xff)              //按键是否仍然存在
            {
                value = 0;
                key = ~P0;
                keybit = 1;             //置已按键标志
```

```
        while(key)                   //按键识别
        {
            value ++ ;
            key = key / 2;
        }
        keyvalue = 8 * i + value - 1;   //计算十六进制键值
        }
    }
}
    keybit = 0;                      //键值读完,清除按键标志
    addr3  = 0;                      //键值读取完成,使 74HC244 无效
}
/************************** 主函数 ****************************/
main()
{
    keybit = 0;                      //清除按键识别标志
    dispvalue = 0;
    display();                       //数码管显示字符"0"
    while(1)
    {
        ledscan();                   //读键盘
        display();                   //显示键值
    }
}
```

6.2.3 简易电子钟设计

(1) 电子钟分析

对于一个完整的单片机应用系统来说,除了要完成系统要求的控制、计算等任务外,有时也要记录、显示和存储系统的实时时间。比如在数据采集系统中,对某些重要的信息不仅要记录其内容,还需要记录下该事件发生的具体时间;在银行营业大厅中使用的电子显示屏,除了要显示当前的利率或汇率等数据外,还需要显示当前的时间信息,如年、月、日、星期、时间等,这些都要使用到电子钟。

电子钟是用来设置、获取、显示系统工作日期和时间等相关信息的一种装置。在单片机应用系统中,电子钟的功能一般由外接一个实时时钟芯片(如 DS1302、DS12C887 等)来完成;但在硬件条件受限的情况下,有时也可以用软件的方式实现电子钟的功能。在 ELITE-III 开发板上虽然带有一片实时钟芯片 DS1302,但受显示器的限制(只有 6 位数码管),不能显示完整的日期、时间等信息。此时,可利用现有的硬件电路,用软件编程的方式设计一个简易的电子

钟,用数码管来显示小时、分钟等基本时间信息(秒用一个闪烁的点表示);用 2×8 键盘的相关按键(本处选用 3、7、11、15、14 号键)分别完成小时加 1、减 1、分钟加 1、减 1 及秒清零等操作;而电子钟的精确计时则可以用单片机自带的定时器中断完成。

(2) 简易电子钟的硬件电路

本简易电子钟的显示电路和键盘输入电路如图 6-9、6-15 所示。显示电路中,锁存器 74HC574 的片选由译码器 74HC138 的 /Y2(LCKDisp)提供,键盘输入电路中,缓冲器 74HC244 的片选由译码器 74HC138 的 $\overline{Y4}$(RDkey)提供。

(3) 简易电子钟的软件实现

实现简易电子钟(初始显示 12 点 0 分)功能的程序为:

```c
#include <reg52.h>
#define uchar unsigned char
sbit addr0 = P1^4;
sbit addr1 = P1^5;
sbit addr2 = P1^6;
sbit addr3 = P1^7;
//行扫描数组
uchar code scan[6] = {0xfe,0xfd,0xfb,0xf7,0xef,0xdf};   //row0—row5
//数码管显示的段码表
uchar code table[12] = {0xc0,0xf9,0xa4,0xb0,0x99,0x92,   //0,1,2,3,4,5
                        0x82,0xf8,0x80,0x90,0xbf,0xff};  //6,7,8,9,-,空格
uchar dispbuf[6];                                        //显示缓冲区
//秒,分,时,50ms 中断计数器,秒指示闪烁标志,按键标志
uchar second,minute,hour,count,flag,keybit;
/*************************延时函数**************************/
void delay(unsigned int loop)
{
    unsigned int i;
    for(i = 0;i < loop;i++);
}
/*************************初始化函数************************/
void initial()
{
    uchar j;
    second = 0x00;                  //秒清零
    minute = 0x00;                  //分清零
    hour = 12;                      //置小时初值 12
    count = 20;                     //50 ms 中断计数器初值
```

```c
        keybit = 0;                              //读键延时标志
        flag = 0x01;                             //清除刷新标志
        for(j = 0;j < 6;j++)
            dispbuf[j] = 11;                     //清数码管显示缓冲区
        TMOD = 0x11;                             //T0、T1 工作于方式 1
        TL1 = 0x00;
        TH1 = 0x4C;                              //置定时器初值,50 ms 产生 1 次中断
        ET1 = 1;                                 //允许定时器 T1 中断
        PT1 = 1;                                 //置 T1 中断高优先级
        EA = 1;                                  //开中断
        TR1 = 1;                                 //T1 开始计时
}
/************************ 显示 + 读键函数 ***********************/
void ledscan()
{
    unsigned char i,key,value,keyvalue,dispvalue;
    for(i = 0;i < 6;i++)
    {
        addr0 = 0;
        addr1 = 1;
        addr2 = 0;                               //数码管字段码锁存器片选地址
        P0    = 0xff;                            //关显示
        addr3 = 1;
        addr3 = 0;                               //在锁存器片选端产生上升沿锁存信号
        P2 = scan[i];                            //取 row0~row5 行扫描数据
        addr0 = 0;
        addr1 = 0;
        addr2 = 1;                               //键盘输入缓冲器片选地址
        addr3 = 1;
        P0 = 0xff;                               //准备读取按键
        if((P0 != 0xff) && keybit == 0)          //是否有按键且按键标志未清除
        {
            value = 0;
            key = ~P0;                           //读键盘
            keybit = 1;                          //置已按键标志
            while(key)                           //求已按键在本行的位置
            {
                value++;
                key = key/2;
```

```c
        }
        keyvalue = 8 * i + value - 1;          //计算键值
        switch(keyvalue)                        //按键功能处理
        {
            case 3: if(hour == 23)              //3号键被按下,时加1
                        hour = 0;
                    else
                        hour ++ ;
                    break;
            case 7: if(hour == 0)               //7号键被按下,时减1
                        hour = 23;
                    else
                        hour -- ;
                    break;
            case 11: if(minute == 59)           //11号键被按下,分加1
                        minute = 0;
                    else
                        minute ++ ;
                    break;
            case 15: if(minute == 0)            //15号键被按下,分减1
                        minute = 59;
                    else
                        minute -- ;
                    break;
            case 14: second = 0;                //14号键被按下,秒清零
                    break;
            default: break;
        }
    }
    addr3 = 0;                                  //键读完,使键盘缓冲器片选无效
    addr0 = 0;
    addr1 = 1;
    addr2 = 0;                                  //数码管字段码锁存器片选地址
    dispvalue = table[dispbuf[i]];              //取一行显示数据
    if(i == 5 && flag)
        dispvalue &= 0x7f;                      //秒指示闪烁,1s闪烁1次
    P0 = dispvalue;                             //字段码送P0口
    addr3 = 1;
    addr3 = 0;                                  //锁存器片选端产生上升沿锁存信号
```

```c
        delay(50);                              //延时 50 μs
    }
}
/************************定时器 1 中断************************/
void   int50ms() interrupt 3
{
    TR1 = 0;                                    //关定时器 T1
    TL1 = 0x00;
    TH1 = 0x4C;                                 //重置定时器初值,50 ms 产生 1 次中断
    TR1 = 1;                                    //开定时器 T1
    count -- ;                                  //产生一次中断,计数减 1
    if(count == 10)                             //0.5 s 到,秒指示闪烁标志置 0
        flag = 0;
    if(count == 0)                              //1 s 定时到
    {
        count = 20;                             //重置 50 ms 中断计数器初值
        flag = 1;                               //秒指示闪烁标志置 0
        keybit = 0;                             //置未按键标志
        if(second != 59)
            second ++ ;                         //未到 59 s,秒加 1
        else
        {
            second = 0x00;                      //已到 59 s,秒置 0
            if(minute != 59)
                minute ++ ;                     //未到 59 分,分加 1
            else
            {
                minute = 0x00;                  //已到 59 分,分置 0
                if(hour != 23)
                    hour ++ ;                   //未到 23 时,时加 1
                else
                    hour = 0x00;                //已到 23 时,时置 0
            }
        }
    }
}
/************************填充显示缓冲区************************/
void   feedbuffer()
{
```

```
        uchar temp;
        temp = minute;
            dispbuf[5] = temp % 10;              //分个位
        temp = temp / 10;
        dispbuf[4] = temp % 10;                  //分十位
        dispbuf[3] = 10;                         //字符"-"
        temp = hour;
        dispbuf[2] = temp % 10;                  //时个位
        temp = temp / 10;
        dispbuf[1] = temp % 10;                  //时十位
        dispbuf[0] = 11;                         //不显示
                    }
/*********************** 主函数 ***********************/
main()
{
        initial();                               //初始化
        while(1)
        {
            feedbuffer();                        //填充显示缓冲区
            ledscan();                           //读键并显示时间
        }
}
```

6.3 点阵显示设计

随着大规模集成电路和计算机技术的高速发展,LED显示屏作为一种新兴的显示媒体,得到了飞速发展。与传统的显示媒体相比较,LED显示屏具有亮度高、动态影像显示效果好、故障低、能耗少、使用寿命长、显示内容多样、显示方式丰富、性价比高等优势,成为新一代大屏幕显示媒体的首选,已广泛应用于各行各业。本节先介绍了ELITE-III开发板上的8×8点阵显示系统,然后介绍了一种扩展的16×16点阵显示系统设计方法。

6.3.1 8×8点阵显示设计

LED点阵显示就是将多个LED发光二极管按行列顺序排列组合起来。每个LED构成点阵中的一个像素,把每个LED的阴极和阳极都引出来就可以对点阵中的任何一个LED像素加以控制,从而达到需要的显示效果。8×8点阵显示器就是由64个LED组合而成。

1. 点阵模块

目前市面上的 LED 点阵显示屏一般是将列输入线接至内部 LED 的阴极,行输入线接至内部 LED 的阳极,当阳极(行线)输入高电平、阴极(列线)输入低电平时,对应的 LED 发光二极管点亮。常见的 8×8 点阵显示模块外观及引脚如图 6-16 所示。

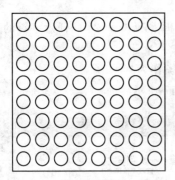
(a) 8×8点阵模块外观

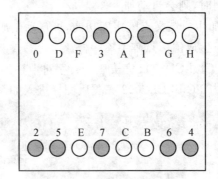
(b) 8×8点阵模块焊接面引脚

注:图(b)中,8×8点阵模块引脚对应点阵像素的行、列序号依次为 0~7 对应第 1~第 8 行,A~H 对应第 1~第 8 列。

图 6-16 8×8 点阵模块外观及引脚图

2. 字符取模

点阵显示模块是通过 LED 发光二极管的亮灭组合来显示字符的,而 LED 的亮灭由点阵显示模块行、列线的高低电平控制。当行线输入高电平有效的行扫描信号时,每一行的列线编码信号叠加在一起,就构成了一个对应的点阵字符(列扫描的原理相同)。

每一个可显示的字符通过 LED 点阵模块(或 LCD 显示模块)显示时,都对应一组列编码数据(行扫描时),这组列线数据就是该字符的点阵编码。将所有字符的点阵编码集中在一起,就构成了一个点阵字库。不同字形、不同大小的字符对应着不同的字库(如宋体 5 号字与仿宋体 5 号字就对应两个不同的字库)。

每一个可显示的字符在不同的字库中都是以点阵编码的形式存在的。要让点阵模块显示一个字符,必须给它输入对应字符的点阵编码。字符点阵编码的获取可以直接在对应的字库中搜索,也可以通过字符取模软件生成(实际上是由软件在对应的字库中搜索)。生成字符编码的软件很多,其操作方法大致相同。这里介绍的是 PCtoLCD2002 字符取模软件的基本操作方法。

PCtoLCD2002 字符取模软件的界面采用全新的字体,效果比以前的版本更加漂亮,其特点为:

① 加入了全面的提示帮助,尽量减少一般用户的疑惑。

第6章 ELITE-III 开发应用实例

② 修正生成字模数据的一些格式 BUG,生成的 C51 格式字模数据基本上可以直接粘贴到源程序中使用而不需要修改。

③ 加入新的字模数据格式调整项,允许用户更自由地定制自己需要的数据格式。例如,当用户选择十进制输出时,则自动去掉字模数据前的"0x"或后面的"H"(表示十六进制);而选择十六进制时,则会自动加上。

④ 增加生成英文点阵字库功能,可自动生成 ASCII 码从 0~127 的任意字符的点阵字库,使用方法与生成国标点阵字库一样。

利用 PCtoLCD2002 完美版进行字符取模的具体操作为:

① 双击 PCtoLCD2002 完美版图标进入如图 6-17 所示界面。

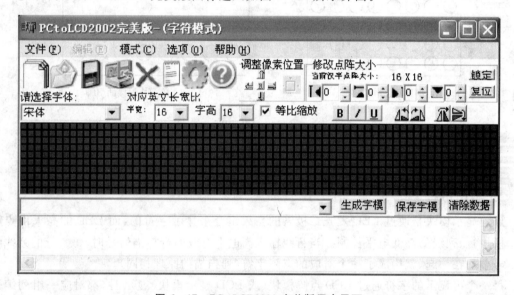

图 6-17 PCtoLCD2002 完美版用户界面

② 单击 PCtoLCD2002 完美版中的齿轮按键进入如图 6-18 字模选项,针对 C51 的特点进行相关参数配置,然后单击确定。

③ 选择待取模字符的字形和大小(如宋体、8×8 点阵),输入待取模的字符(如汉字"中"),单击"生成字模"按钮,则屏幕下方生成待取模字符的宋体、8×8 点阵编码,将此编码送 LED 点阵显示模块,就可以在屏幕上显示汉字"中",如图 6-19 所示。

3. 硬件电路

ELITE-III 开发板上自带一个 8×8 的点阵显示模块,由 2 片 8D 锁存器 74HC574(U2、U10)分别锁存列编码数据和行扫描信号。锁存器的片选信号由 3-8 译码器(U12)的 $\overline{Y1}$ 和 $\overline{Y0}$ 提供,其电路组成模块如图 6-20 所示。

第 6 章 ELITE – III 开发应用实例

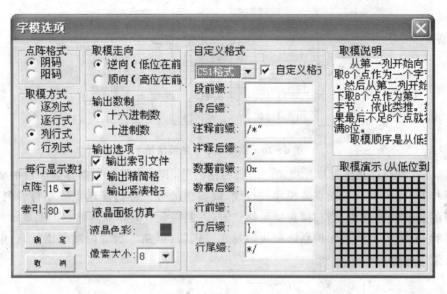

图 6 – 18 PCtoLCD2002 完美版字模选项

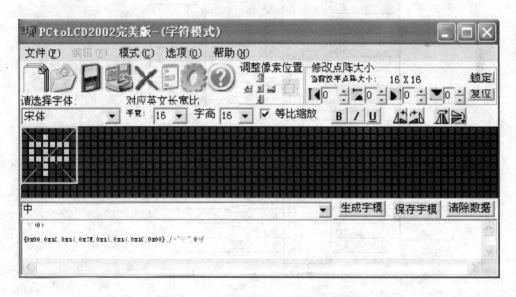

图 6 – 19 PCtoLCD2002 完美版生成字模

（1）信号锁存与驱动模块

信号的锁存与驱动电路如图 6 – 21 所示。电路由 2 片并行输入 8D 锁存器 74HC574（U2、U10）、8 个晶体管反相放大电路及 8 个限流电阻组成。其中，列编码锁存器（U2）接收单片机输出的字符点阵编码，其输出经 220 Ω 限流电阻后控制点阵模块的列线，显示字符的点阵图

第6章 ELITE-III 开发应用实例

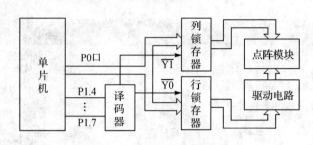

图 6-20 点阵显示系统模块图

形;行扫描锁存器(U10)接收单片机输出的行扫描信号,其输出经 8 个晶体管组成的驱动电路将电平反相、电流放大后驱动点阵模块的行线,以扫描的方式分行显示点阵字符各列的图形。由于人眼的视觉残留现象,当扫描速度足够快时,人们将会看到在点阵显示屏上显示一个完整的字符形状;限流电阻负责保护点阵模块的发光二极管,以免二极管两端电压过高、电流过大而烧坏发光二极管。

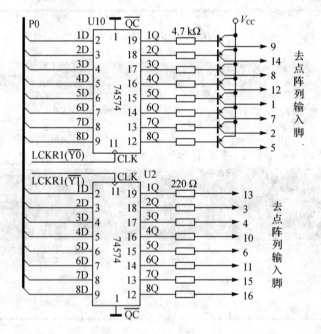

图 6-21 锁存与驱动电路

(2) 点阵显示模块

点阵显示模块由 1 片 8×8 点阵模块组成,行编码锁存器和列扫描锁存器输出信号经放大或限流后,与点阵模块的连接电路如图 6-22 所示。

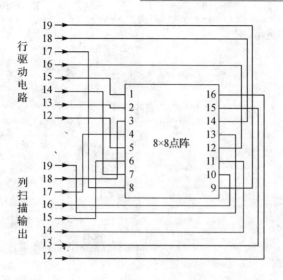

图 6-22 点阵显示模块与锁存器的连接电路

4. 软件实现

在上述点阵显示系统硬件电路的基础上结合汉字取模软件所得的字符点阵编码编写适当的软件,就可以控制点阵显示屏显示相应的汉字或英文字符。例如,汉字"中",其点阵编码为 0xFF、0xF7、0x81、0xB5、0x81、0xF7、0xF7、0xFF。程序中,将其编码定义为一个字符型数组:
unsigned char word[8] = {0xFF,0xF7,0x81,0xB5,0x81,0xF7,0xF7,0xFF}

根据硬件电路的工作原理可知,LED点阵显示系统通过行扫描、列编码的方式实现字符的显示。因此,程序中可先让列编码锁存器 U2 锁存第 1 列的点阵编码 word[0],然后由行扫描锁存器 U10 锁存第 1 行扫描数据,延时一段时间(如 50 μs)后,再由 U2 锁存第 2 列的编码 word[1],最后再由 U10 锁存第 2 行扫描数据并延时一段时间(50 μs)。如此下去直到 8 行全部扫描完,再从头开始扫描。当扫描速度足够快时,看上去就是一个完整的汉字"中"。程序流程如图 6-23 所示。

程序如下:

```
#include<reg52.h>
#define   uchar   unsigned char
sbit addr0 = P1^4;
sbit addr1 = P1^5;
sbit addr2 = P1^6;
sbit addr3 = P1^7;                    //系统片选地址
uchar code scan[8] = {0xfe,0xfd,0xfb,0xf7,0xef,0xdf,0xbf,0x7f};//扫描数组
uchar code word[8] = {0xFF,0xF7,0x81,0xB5,0x81,0xF7,0xF7,0xFF};//"中"
```

```c
/*************************** 延时函数 ***************************/
void delay(unsigned int us)
{
    while(us--);
}
/*********************** 8*8LED点阵扫描一屏 ***********************/
void ledscan()
{
    unsigned char i;
    for(i = 0;i < 8;i++)
    {
        addr0 = 0;
        addr1 = 0;
        addr2 = 0;               //行扫描锁存器U10的片选地址
        addr3 = 0;
        P0 = 0xff;               //关显示
        addr3 = 1;
        addr3 = 0;               //上升沿锁存行扫描数据
        addr0 = 1;
        addr1 = 0;
        addr2 = 0;               //列编码锁存器U2的片选地址
        P0 = word[i];            //取一行字符编码数据
        addr3 = 1;
        addr3 = 0;               //上升沿锁存列编码数据
        addr0 = 0;
        addr1 = 0;
        addr2 = 0;               //行扫描锁存器U10的片选地址
        addr3 = 0;
        P0 = scan[i];            //取row0~row7的行扫描数据
        addr3 = 1;
        addr3 = 0;               //上升沿锁存行扫描数据
        delay(50);               //延时50 μs
    }
}
/*************************** 主函数 ***************************/
main()
{
    while(1)
        ledscan();
}
```

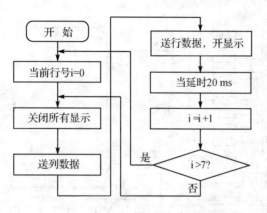

图 6-23 8×8 点阵显示程序流程图

6.3.2 16×16 动态点阵显示

16×16 点阵显示屏通常由 4 片 8×8 点阵显示模块组合而成(市面上一般很少有 16×16 点阵显示模块出售)。了解 8×8 点阵模块和点阵显示系统的工作原理、软件编程后,通过扩展锁存器和点阵模块,可以设计成 16×16(及以上)的点阵显示系统。但如果使用 74HC574 等并入/并出锁存器进行扩展,硬件电路设计会比较麻烦。因此,在使用多片 8×8 点阵模块设计大屏幕点阵显示器时,一般使用 74HC595 等串行输入/并行输出锁存器以简化硬件电路的设计,如图 6-24 所示。

1. 硬件电路设计

图 6-24 是一种采用 2 片串入/并出锁存器 74HC595 和 2 片 3-8 译码器 74HC138 设计的 16×16 点阵系统硬件电路。图中,2 片 74HC595(U4、U5)采用级联的方式构成 16 位并行输出,锁存单片机串行输出的 16 位列编码数据,控制 4 片 8×8 点阵模块组合而成的 16×16 点阵屏的列线;2 片 74HC138 采用级联的方式,连接成 4-16 译码器,输出行扫描信号。行扫描信号经驱动电路(PNP 型晶体管 9012)反相放大后,控制 16×16 点阵显示屏的行线。

74HC595 是一种带有输出锁存功能的 8 位串行输入/并行输出移位寄存器,可实现数据由串到并的转换。芯片本身只能进行 8 位的并行输出,由于要对点阵的 16 根列线(16 位字符数据)进行数据传送,故系统中使用 2 片 74HC595 级联扩展为 16 位并行输出,对应 LED 显示屏的 16 根列信号线。74HC595 的输出锁存寄存器和移位寄存器有各自独立的控制信号,可实现数据的传输、移位与数据的锁存、输出分开控制的功能,在显示本行各列数据的同时,可进行下一行数据的准备,以使显示效果更流畅、高效。

16×16 点阵屏由 4 片 8×8 点阵模块根据同名行、列组合连接而成。点阵屏的显示正确与否,主要取决于两个因素:一是正确的显示效果,主要靠软件编程控制来实现;二是决定待显示文字(或图形)本身的字模格式(C51 或 A51)。点阵字模的提取软件很多,且每种软件都

第6章 ELITE-III 开发应用实例

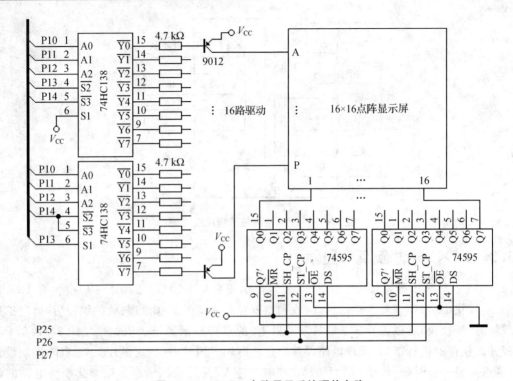

图 6-24 16×16 点阵显示系统硬件电路

提供多种提取方式,实际使用时要根据硬件电路的设计选择可行的字模提取方式。本例使用 PCtoLCD2002 完美版,以 C51 格式提取"上午天气好"5 个汉字的 16×16 点阵字模,在点阵屏上滚动显示。

2. 系统软件实现

程序如下:

```
#include<reg52.h>
#include<intrins.h>
#define uchar unsigned char
#define uint unsigned int
/************************ 行扫描码 ************************/
uchar code tablehang[] = {0x00,0x01,0x02,0x03,0x04,0x05,0x06,0x07,
                          0x08,0x09,0x0a,0x0b,0x0c,0x0d,0x0e,0x0f};
/********************** 16*16 点阵码 **********************/
uchar code table[][32] = {
    {0xFF,0xFF,0x7F,0xFF,0x7F,0xFF,0x7F,0xFF,0x7F,0xFF,0x7F,0xFF,0x7F,
    0xE0,0x7F,0xFF,0x7F,0xFF,0x7F,0xFF,0x7F,0xFF,0x7F,0xFF,0x7F,0xFF,
```

```
    0x7F,0xDF,0x01,0x80,0xFF,0xFF},         /*"上",0*/
   {0xEF,0xFF,0xEF,0xFF,0x07,0xE0,0x77,0xFF,0x7B,0xFF,0x7B,0xFF,0x7D,
    0xDF,0x00,0x80,0x7F,0xFF,0x7F,0xFF,0x7F,0xFF,0x7F,0xFF,0x7F,0xFF,
    0x7F,0xFF,0x7F,0xFF,0xFF,0xFF},         /*"午",1*/
   {0xFF,0xFF,0x03,0xC0,0x7F,0xFF,0x7F,0xFF,0x7F,0xFF,0x7F,0xFF,0x01,
    0x80,0x7F,0xFF,0x7F,0xFF,0xBF,0xFE,0xBF,0xFD,0xDF,0xFB,0xEF,0xE7,
    0xF7,0x8F,0xFB,0xDF,0xFD,0xFF},         /*"天",2*/
   {0xEF,0xFF,0xEF,0xFF,0x07,0x80,0xF7,0xFF,0xFB,0xFF,0x0D,0xE0,0xFF,
    0xFF,0x07,0xF0,0xFF,0xF7,0xFF,0xF7,0xFF,0xF7,0xFF,0xF7,0xFF,0xAF,
    0xFF,0xAF,0xFF,0x9F,0xFF,0xBF},         /*"气",3*/
   {0xF7,0xFF,0x77,0xC0,0xF7,0xEF,0xF7,0xF7,0xC0,0xFB,0xDB,0xFB,0xDB,
    0xFB,0x1B,0x80,0xDD,0xFB,0xD9,0xFB,0xE7,0xFB,0xEF,0xFB,0xD7,0xFB,
    0x9B,0xFB,0xDD,0xFA,0xFE,0xFD},         /*"好",4*/
};
/********************端口和全局变量定义*********************/
sbit SCLK = P2^5;
sbit RCK  = P2^6;
sbit DS   = P2^7;
uchar temp,j,k;
/*********************595写函数**************************/
void write_595()
{   uchar i;
    SCLK = 0;
    for(i = 0;i < 8;i++)
    {   Temp = temp << 1;
        DS   = CY;
        SCLK = 1;
        _nop_();
        _nop_();
        SCLK = 0;
    }
}
/********************595锁存、输出函数********************/
void out_595()
{
    RCK = 0;
    _nop_();
    _nop_();
    RCK = 1;
```

```c
}
/*************************595清屏************************/
void clear()
{
    uchar i;
    SCLK = 0;
    for(i = 0;i < 8;i++)
    {
        temp = temp << 1;
        DS   = 1;
        SCLK = 1;
        SCLK = 0;
    }
}
/********************16*16LED点阵显示函数********************/
void lcd_display()
{
    uchar i;
    uchar up8,down8;
    for(i = 16;i > 0;i--)
    {
        clear();
        clear();
        out_595();
        P1    = tablehang[i];
        up8   = (i-1 + j) * 2 + 1;
        down8 = (i-1 + j) * 2;
        temp  = table[k][up8];
        write_595();
        temp = table[k][down8];
        write_595();
        out_595();
        P1    = tablehang[i-1];
    }
}
/************************主函数************************/
void main()
{
    uchar l;
```

```
    SCLK = 1;
    RCK  = 1;
    while(1)
    {
        for(k = 0;k < 4;k++)
        {
            for(j = 0;j < 16;j++)
            {
                for(l = 0;l < 100;l++)
                    lcd_display();
            }
        }
    }
```

6.4 步进电机控制

步进电机是一种将电脉冲信号转换成相应的角位移或转速的精密执行元件。在非超载的情况下,电机的转速、停止位置只取决于脉冲信号的频率与脉冲数,而不受电源电压、负载大小、环境条件变化的影响,给电机加一个脉冲信号,电机就转过一个步距角。

步进电机采用开环控制,避免了闭环控制的复杂性、减小了系统的成本,却可以获得接近闭环的良好控制性能。而且步进电机只有周期性的误差而无累积误差等特点,使得其在精确控制速度、位置等领域应用非常广泛。本节详细介绍了步进电机的特点、类型、原理、技术参数和 ELITE-III 开发板上步进电机的控制电路、软件编程等内容。

6.4.1 步进电机

步进电机分为很多种,常见的步进电机实物图如图 6-25 所示。

(a) 普通步进电机

(b) 减速步进电机

(c) 一体化步进电机
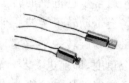
(d) 微型步进电机

图 6-25 常见步进电机实物图

第6章 ELITE-III 开发应用实例

1. 特点

步进电机是一种将电脉冲信号转变为角位移(或线位移)的开环控制元件,主要特点如下:

① 控制精度高。一般步进电机的精度为步进角的 3%～5%,且不累积。

② 步进电机外表允许的最高温度有限。步进电机温度过高会使电机的磁性材料退磁,从而导致力矩下降乃至失步。因此,电机外表允许的最高温度主要取决于不同电机磁性材料的退磁点。但一般来讲,磁性材料的退磁点都在130℃以上,有的甚至高达200℃以上,所以步进电机在一般工作环境下完全可以正常运行。

③ 步进电机的力矩会随转速的升高而下降。当步进电机转动时,电机各相绕组的电感将形成一个反向电动势,且频率越高,反向电动势越大。在这个反相电动势的作用下,电机随频率(或速度)的增大而相电流将减小,从而导致力矩下降。

④ 步进电机低速时可以正常运转,但若高于一定速度就无法启动,并伴有啸叫声。步进电机有一个技术参数:空载启动频率,即步进电机在空载情况下能够正常启动的脉冲频率;如果脉冲频率高于该值,电机将不能正常启动,会出现丢步或堵转的现象。在有负载的情况下,启动频率则更低。如果要使电机达到高速转动,脉冲频率应有一个加速的过程,即启动时频率较低,然后按一定加速度升到所希望的高频(电机转速应从低速升到高速)。

2. 分类

常见的步进电机一般分为3种类型:永磁式(PM)、反应式(VR)及混合式(HB)。各种类型步进电机的主要特点为:

① 永磁式步进一般为两相,转矩和体积较小,步进角一般为 7.5°或 15°。

② 反应式步进一般为三相,可实现大转矩输出,步进角一般为 1.5°,但噪声和振动都很大。

③ 混合式步进混合了永磁式和反应式的优点,又分为两相、三相和五相等几种。其中两相步进角一般为 1.8°,这种步进电机的应用最为广泛。它的步距角小、出力大、动态性能好,是目前性能最高的步进电动机,有时也被称作永磁感应式步进电动机。

3. 工作原理

通常步进电机的转子为永磁体,当电流流过定子绕组时,定子绕组产生一个矢量磁场。该磁场会带动转子旋转一个角度,使得其对转子的磁场方向与定子的磁场方向一致。当定子的矢量磁场旋转一个角度时,转子也随着该磁场转一个角度。每输入一个电脉冲,电机转子转动一个角度,即前进一步。转子输出的角位移与输入的脉冲数成正比,转速与脉冲频率成正比,定子绕组的通电顺序决定电机的转动方向,所以可通过控制输入脉冲的数量、频率及电机各相绕组的通电顺序来控制步进电机的转动。步进电机的内部结构如图 6-26 所示。

可以看出,电机的定子上有 6 个均匀分布的磁极,其夹角为 60°。各磁极上都套有线圈,形成 A、B、C 三相绕组。转子上均匀分布着 40 个小齿,各齿的齿距 $\theta_E = 360°/40 = 9°$,而定子每个磁极的极弧上也有 5 个小齿,且齿距和齿宽均相同。由于定子和转子的小齿数目分别是 30 和 40,其比值是一个分数,这就产生了齿错位的情况。若以 A 相磁极小齿和转子的小齿对齐,那么 B 相和 C 相磁极的齿就会分别和转子齿相错 1/3 的齿距,也就是相差 3°。因此,B、C 极下的磁阻比 A 磁极下的磁阻大。若给 B 相通电,B 相绕组产生定子磁场,其磁力线穿越 B 相磁极,并试图按磁阻最小的路径闭合,这就使转子受到反应转矩(磁阻转矩)的作用而转动,直到 B 磁极上的齿与转子齿对齐,转子刚好转过 3°。此时 A、C 磁极下的齿又分别与转子齿错开 1/3 齿

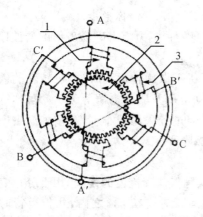

注:1——定子 2——转子 3——定子绕组
图 6-26 三相反应式步进电动机的结构示意图

距,接着停止对 B 相绕组通电,而改为 C 相绕组通电,同理受反应转矩的作用,转子按顺时针方向再转过 3°。

当三相绕组按 A→B→C→A 顺序循环通电时,转子按顺时针方向,以每个通电脉冲转动 3° 的规律步进式转动起来。若改变通电顺序,按 A→C→B→A 顺序循环通电,则转子按逆时针方向并以每个通电脉冲转动 3° 的规律转动。

因为在步进电机转动的过程中,每一瞬间只有一相绕组通电,并且按 3 种通电状态循环通电,故称为单三拍运行方式。单三拍运行时的步矩角 θ_b 为 30°。三相步进电动机还有另外两种通电方式:双三拍运行方式和单、双六拍运行方式。双三拍运行方式按 AB→BC→CA→AB 顺序循环通电运行;单、双六拍运行方式按 A→AB→B→BC→C→CA→A 顺序循环通电运行,六拍运行时的步矩角将减小一半。

反应式步进电动机的步距角可按下式计算:
$$\theta_b = 360°/NE_r$$
式中,E_r 为转子齿数;N——运行拍数,$N=km$,m 为步进电动机的绕组相数,$k=1$ 或 2。

4. 技术参数

步进电机的技术参数包括静态指标和动态指标两大类。

(1) 步进电机的静态指标

① 相数。产生不同对 N、S 磁场的激磁线圈对数,常用 m 表示。

② 拍数。完成一个磁场周期性变化所需脉冲数(或指电机转过一个齿距角所需脉冲数),用 n 表示。以四相步进电机为例,有四相四拍运行方式 A-B-C-D-A(或 AB-BC-CD-DA-AB),四相八拍运行方式 A-AB-B-BC-C-CD-D-DA-A。

③ 步距角。指对应一个脉冲信号,电机转子转过的角位移,用 θ 表示,$\theta=360°/$(转子齿数 J×运行拍数)。以转子齿数为 50 齿的电机为例,四拍运行时步距角为 $\theta=360°/(50×4)=$

1.8°(俗称整步),八拍运行时步距角为 $\theta = 360°/(50×8) = 0.9°$(俗称半步)。

④ 定位转矩。电机在不通电状态下,电机转子自身的锁定力矩由磁场齿形的谐波以及机械误差形成。

⑤ 静转矩。指电机在额定静态电流的作用下,电机不做旋转运动时,电机转轴的锁定力矩。此力矩是衡量电机体积(几何尺寸)的标准,与驱动电压及驱动电源等无关。虽然静转矩与电磁激磁安匝数成正比,与定齿转子间的气隙有关,但过分采用减小气隙、增加激磁安匝来提高静力矩是不可取的,这样会造成电机的发热及机械噪音。

(2) 步进电机的动态指标

① 步距角精度。步进电机每转过一个步距角的实际值与理论值的误差,用百分比表示为误差/步距角×100%。不同运行拍数其值不同,四拍运行时应在5%之内,八拍运行时应在15%以内。

② 失步。指电机运转时,运转的实际步数不等于理论上的步数。

③ 失调角。指转子齿轴线偏移定子齿轴线的角度。步进电机的运转过程中总会产生失调角,由失调角产生的误差,采用细分驱动是不能解决的。

④ 最大空载起动频率。指电机在某种驱动形式、电压及额定电流下,不加负载时能够直接起动的最大频率。

⑤ 最大空载的运行频率。指电机在某种驱动形式、电压及额定电流下,不带负载时最高转速频率。

⑥ 运行矩频特性。指电机在某种测试条件下测得的运行中输出力矩与频率关系的曲线,是电机诸多动态曲线中最重要的一种,也是电机选择的根本依据。

⑦ 电机共振点。步进电机都有固定的共振区域,对于二、四相感应子式步进电机,其共振区一般在180~250 pps之间(步距角1.8°)或400 pps左右(步距角为0.9°)。当步进电机的驱动电压增高、电流增大、负载减轻或电机体积减小时,共振区会向上偏移。实际工作时,为使电机输出力矩大、不失步或者要降低整个系统的噪音,一般应使工作点偏离共振区较多。

6.4.2　步进电机驱动系统

1. 驱动电路的组成

步进电机需要专门的驱动电路进行驱动,驱动电路和步进电机构成一个有机的整体。在电机一定的情况下,电机的运行性能主要取决于驱动电路。

驱动电路一般由变频信号源、环形分配器、功率放大器3部分组成。变频信号源是一个频率可变的脉冲信号发生器;脉冲分配器将脉冲信号按一定的逻辑关系加到放大器上。变频信号源和环形分配器共同作用,产生驱动步进电机的环形脉冲序列,使步进电机按一定的运行方式运转;功率放大电路对脉冲信号的电流进行放大。步进电机控制系统的基本结构如图6-27所示。

第6章 ELITE-III 开发应用实例

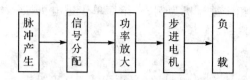

图 6-27 步进电机控制系统的结构

环形脉冲序列可由常规数字逻辑电路、可编程逻辑芯片等硬件电路产生，也可由单片机控制系统通过软件编程产生。通过单片机控制系统软件编程产生脉冲序列，具有电路设计简单、控制灵活等优点；在条件允许的情况下，一般由单片机系统产生控制步进电机的环形脉冲序列。

实际应用中，脉冲信号的占空比一般设定为 0.3～0.4 之间。占空比越大，电机转速可调得越高。

2. 功率放大电路

功率放大电路是驱动系统中最重要的组成部分。步进电机在一定转速下的转矩取决于它的动态平均电流（非静态电流），动态平均电流越大电机力矩越大。要使平均电流大，就需要驱动系统尽量克服电机的反电动势，因而不同的场合需要采取不同的驱动方式。驱动方式一般有单一电压源、高低压切换型电源、单电压斩波恒流电源、细分电路等形式。ELITE-III 开发板采用单电压斩波恒流控制芯片 ULN2003 设计功率放大电路，如图 6-28 所示。

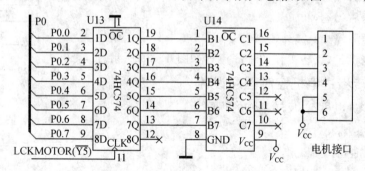

图 6-28 步进电机驱动电路

图中，锁存器 74HC574（U13）接收并锁存单片机 P0 口输出的环形脉冲信号，其片选输入端 $\overline{OC}$ 接地，锁存输入端 CLK 接 ELITE-III 开发板上地址译码器（U12）的 $\overline{Y5}$（LCKMOTOR），锁存器输出的环形脉冲信号经驱动芯片 ULN2003（U14）将电流放大后，通过开发板上的电机接口驱动步进电机。

6.4.3 简单步进电机控制程序

从图 6-28 可以看出，ELITE-III 开发板上的电机接口为 6 针接口，可接二相、三相、四

第6章 ELITE-III 开发应用实例

相等步进电机。本书以四相步进电机为例,介绍简单步进电机控制程序(正、反转程序)的设计。

1. 脉冲分配

四相步进电机的工作方式有四相四拍(步距角1.8°)和四相八拍(步距角0.9°)两种。在四相四拍方式下,脉冲序列可为A-B-C-D-A 或 AB-BC-CD-DA-AB;在四相八拍方式下,脉冲序列为 A-AB-B-BC-C-CD-D-DA-A。为了提高步进电机的控制精度,本例选择四相八拍工作方式。

2. 设计思路

根据步进电机的工作特点(低速时可以正常启动并运转,但若高于一定速度就无法启动,并伴有啸叫声),为了使步进电机正常启动并防止失步现象的发生,步机电机应在一个较低的转速下启动,然后再现逐渐加速到需要的转速。停止时,也应该先逐渐降低转速,最后再停止步进电机的转动。

因此,控制步进电机正、反转的程序应具备如下功能:
- 正转加速后匀速;
- 正转减速后停止;
- 反向加速后匀速;
- 反向减速后停止。

控制步进电机正、反转工作的程序流程如图6-29所示。

3. 正、反转步进电机控制程序设计

控制四相步进电机正、反转工作的程序为:

```
#include <reg52.h>
#include <string.h>
#define uchar unsigned char
#define uint  unsigned int
sbit  addr0 = P1^4;
sbit  addr1 = P1^5;
sbit  addr2 = P1^6;
sbit  addr3 = P1^7;
uchar code FFW[8] = {0x0e,0x0c,0x0d,0x09,0x0b,0x03,0x07,0x06};//正转数组
uchar code REV[8] = {0x06,0x07,0x03,0x0b,0x09,0x0d,0x0c,0x0e};//反转数组
uchar rate ;
/*************************延时函数************************/
```

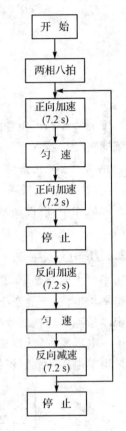

图6-29 步进电机正、反转程序流程

```c
void delay()
{
    uchar k;
    uint s;
    k = rate;
    do
    {
        for(s = 0; s < 200; s++);
    }while(--k);
}
void delay2(uchar k)
{
    uchar s;
    for(s = 0 ; s < k ; s++);
}
/************************步进电机正转************************/
void  motor_ffw()
{
    uchar i;
    for (i = 0;i < 8; i++)              //一个周期转 7.2°
    {
        P0    = FFW[i];                 //取正转数据
        addr0 = 1;
        addr1 = 0;
        addr2 = 1;                      //锁存器(U13)片选
        addr3 = 1;
        addr3 = 0;                      //上升沿锁存
        delay();
    }
}

/************************步进电机反转************************/
void  motor_rev()
{
    uchar i;
    for (i = 0; i < 8; i++)
    {
        P0    = REV[i];                 //取反转数据
        addr0 = 1;
        addr1 = 0;
```

```c
            addr2 = 1;
            addr3 = 1;
            addr3 = 0;
            delay();
        }
    }
/************************步进电机运行************************/
    void motor_turn()
    {
        uchar x;
        rate = 0x30;
        x    = 0xf0;
        do
        {
            motor_ffw();              //正转加速
            rate -- ;
        }while(rate != 0x0a);
        do
        {
            motor_ffw();              //正转匀速
            x -- ;
        }while(x != 0x01);
        do
        {
            motor_ffw();              //正转减速
            rate ++ ;
        }while(rate != 0x30);
        do
        {
            motor_rev();              //反转加速
            rate -- ;
        }while(rate != 0x0a);
        do
        {
            motor_rev();              //反转匀速
            x -- ;
        }while(x != 0x01);
        do
        {
```

```
        motor_rev();              //反转减速
        rate ++;
    }while(rate != 0x30);
}
/************************主函数************************/
main()
{
    P1 = 0xf0;
    while(1)
    {   P0 = 0x00;                //ULN2003 输出高电平
        addr0 = 1;
        addr1 = 0;
        addr2 = 1;
        addr3 = 1;
        addr3 = 0;
        delay2(255);
        motor_turn();
    }
}
```

6.5 A/D 转换设计

所谓 A/D 转换就是将模拟信号转换成数字信号,而 A/D 转换器(ADC)就是一种将模拟信号转换成数字信号的电子器件。ADC 的信号输入端可以是传感器(或信号变送器)输出的模拟信号,输出的则是数字信号,主要提供给微处理器进行处理。A/D 转换在控制系统中有广泛的用途。

6.5.1 A/D 转换器的基本原理

常见的 A/D 转换器有积分型、逐次逼近型、并行比较型/串并行型、Σ—Δ 调制型、电容阵列逐次比较型及压频变换型等几种。本节以逐次逼近型和积分型 A/D 转换器为例,来介绍 A/D 转换器的基本原理及特点。

1. 逐次逼近式 A/D 转换器原理

逐次逼近式 A/D 转换器是一种比较常见的 A/D 转换电路,转换的时间为微秒级。逐次逼近式 A/D 转换器由逐次逼近寄存器、比较器、D/A 转换器、缓冲寄存器及控制逻辑电路组成,其基本原理是从高位到低位逐位试探比较,结构原理图如图 6-30 所示。

逐次逼近法的转换过程为:初始化时,首先将逐次逼近寄存器各位清零。转换开始后,先

第6章 ELITE-III 开发应用实例

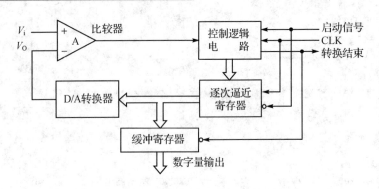

图 6-30 逐次逼近式 A/D 转换器原理框图

将逐次逼近寄存器最高位置 1,送入 D/A 转换器,经 D/A 转换后生成的模拟量 V_o,将 V_o 与送入比较器的待转换模拟量 V_i 进行比较,若 $V_o < V_i$,则该位"1"被保留;否则,被清除。然后,置逐次逼近寄存器的次高位为 1,将寄存器的新数字量送 D/A 转换器,输出的 V_o 再与 V_i 进行比较,同样若 $V_o < V_i$,则该位"1"被保留;否则,被清除。重复此过程,直至确定逐次逼近寄存器的最低位。转换结束后,将逐次逼近寄存器中的数字量送入缓冲寄存器,即得到数字量的输出,整个操作过程由控制逻辑电路控制执行。

2. 双积分型 A/D 转换器原理

采用双积分法的 A/D 转换器由电子开关、积分器、比较器、计数器和控制逻辑等部件组成;其基本原理是将输入电压变换成与其平均值成正比的时间间隔,再把此时间间隔转换成数字量,属于间接转换。双积分法 A/D 转换器原理如图 6-31 所示。

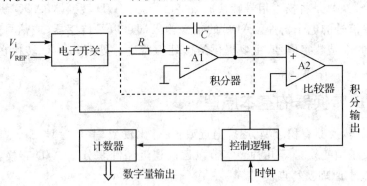

图 6-31 双积分式 A/D 转换的原理框图

双积分法 A/D 转换的过程为:先将开关接通待转换的模拟量 V_i,V_i 采样输入到积分器,积分器从零开始进行固定时间 T 的正向积分。时间 T 到后,开关再接通与 V_i 极性相反的基准电压 V_{REF},将 V_{REF} 输入到积分器进行反向积分,直到输出为 0 V 时停止积分。V_i 越大,积分器输出电压就越大,反向积分时间也越长。计数器在反向积分时间内所计的数值就是输入模拟电压 V_i 所对应的数字量,即实现了 A/D 转换。

3. A/D 转换器的技术指标

A/D 转换器的功能是将模拟信号转换成数字信号,其主要技术指标有以下几点:

1) 分辨率

ADC 的分辨率是指使输出数字量变化一个相邻数码所需输入模拟电压的变化量,常用二进制的位数表示。例如,12 位 ADC 的分辨率就是 12 位,或者说分辨率为满刻度 FS 的 $1/2^{12}$。一个 10 V 满刻度的 12 位 ADC 能分辨输入电压变化的最小值是 $10\text{ V} \times 1/2^{12} = 2.4\text{ mV}$。

2) 量化误差

利用 ADC 把模拟量变为数字量,并用数字量近似地表示模拟量的过程称为量化。量化误差是指 ADC 的有限位数对模拟量进行量化时而引起的误差。实际上,要准确表示模拟量,ADC 的位数需很大甚至无穷大。一个有限位分辨率 ADC 的阶梯状转换特性曲线与具有无限分辨率的 ADC 转换特性曲线(直线)之间的最大偏差即是量化误差。

3) 偏移误差

偏移误差是指输入信号为零时,输出信号不为零的值,所以有时又称为零值误差。假定 ADC 没有非线性误差,则其转换特性曲线各阶梯中点的连线必定是直线,这条直线与横轴相交点所对应的输入电压值就是偏移误差。

4) 满刻度误差

满刻度误差又称为增益误差。ADC 的满刻度误差是指满刻度输出数码所对应的实际输入电压与理想输入电压之差。

5) 线性度

线性度有时又称为非线性度,是指转换器实际的转换特性与理想直线的最大偏差。

6) 绝对精度

在一个转换器中,任何数码所对应的实际模拟量输入与理论模拟输入之差的最大值,称为绝对精度。对于 ADC 而言,可以在每一个阶梯的水平中点进行测量,包括了所有的误差。

7) 转换速率

ADC 的转换速率是能够重复进行数据转换的速度,即每秒转换的次数。而完成一次 A/D 转换所需的时间(包括稳定时间)则是转换速率的倒数。

6.5.2 并行接口 A/D 转换器

并行接口 A/D 转换器指转换结果以并行通信方式输出的 A/D 转换器,最大特点是数据传输速度快、控制方便、程序简单、容易理解,是单片机控制系统中比较常见的一种 A/D 转换器。ELITE-III 开发板上使用的并行接口 A/D 转换器为 ADC0804。

1. ADC0804 简介

ADC0804 是一种 8 位 CMOS 逐次逼近型中速 A/D 转换器，片内带 8 个三态输出锁存器，转换电路的输出可以直接连接在 CPU 数据总线上，无须附加逻辑接口电路，转换时间大约为 100 μs。ADC0804 的转换时序是：当片选 $\overline{CS}=0$ 时，允许进行 A/D 转换。$\overline{WR}$ 的上升沿到来时，开始 A/D 转换（完成一次转换大约需 66～73 个时钟周期），转换结束后产生 $\overline{INTR}$ 信号（低电平有效），可供 CPU 查询或者向 CPU 发中断请求。CPU 检测到 $\overline{INTR}$ 的有效信号后，使 $\overline{RD}$ 有效，以读取 A/D 转换的结果。ADC0804 的引脚如图 6-32 所示。

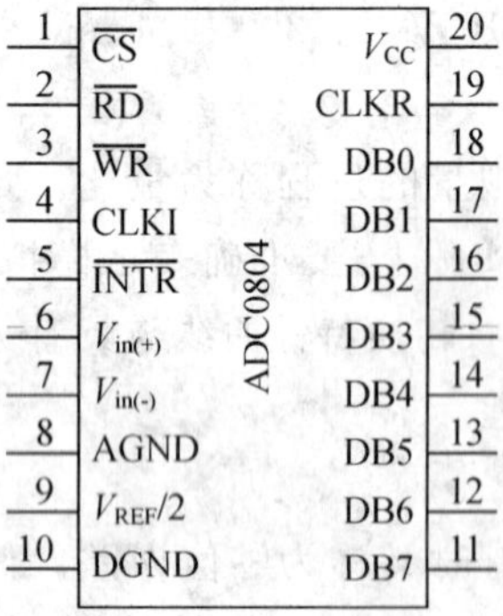

ADC0804 引脚功能及应用特性为：

① $\overline{CS}$、$\overline{RD}$、$\overline{WR}$（引脚 1、2、3）：数字控制输入端，满足标准 TTL 逻辑电平。其中 $\overline{CS}$ 与 $\overline{WR}$ 用来启动 ADC0804 的 A/D 转换，当 $\overline{CS}$ 端为有效的低电平且 $\overline{WR}$ 端收到一个上升沿信号时，启动 A/D 转换。$\overline{CS}$ 与 $\overline{RD}$ 用来读 A/D 转换的结果，当它们同时为低电平时，输出数据锁存器 DB0～DB7 各端上出现 8 位并行二进制数码。

② CLKI、CLKR（引脚 4、19）：内部时钟电路输出、输入端。ADC0801～0805 片内带有时钟电路，只要在外部 CLKI 和 CLKR 两端外接一对电阻电容即可产生 A/D 转换所需要的时钟，其振荡频率为 $f_{CLK}\approx 1/1.1RC$。其典型应用参数为：$R=10\,k\Omega$，$C=150\,pF$，$f_{CLK}\approx 640\,kHz$，转换速度为 100 μs。若采用外部时钟，则外部时钟频率 f_{CLK} 应接到 CLKI 端，此时不接 R 和 C。ADC0804 允许的时钟频率范围为 100 kHz～1 460 kHz。

图 6-32 ADC0804 引脚图

③ $\overline{INTR}$（引脚 5）：$\overline{INTR}$ 是转换结束信号输出端，低电平有效。当该引脚跳转为低电平时，表示本次转换已经结束，此信号可作为微处理器的中断或查询信号。如果将 $\overline{CS}$ 和 $\overline{WR}$ 端与 $\overline{INTR}$ 端相连，则 ADC0804 处于自动循环转换状态。$\overline{CS}=0$ 时，则允许进行 A/D 转换。$\overline{WR}$ 由低跳高时 A/D 转换开始，8 位逐次比较需 8×8=64 个时钟周期，再加上控制逻辑操作，一次转换需要 66～73 个时钟周期。当 $f_{CLK}=640\,kHz$ 时，转换时间约为 103～114 μs。当 f_{CLK} 超过 640 kHZ 时，转换精度会下降，超过极限值 1 460 kHz 时便不能正常工作。

④ $V_{in(+)}$ 和 $V_{in(-)}$（引脚 6、7）：被转换的电压信号从 $V_{in(+)}$ 和 $V_{in(-)}$ 输入，允许此信号是差动或不共地的电压信号。如果输入电压 V_{in} 的变化范围为 $0\sim V_{max}$，则芯片的 $V_{in(-)}$ 端接地，输入电压加到 $V_{in(+)}$ 引脚。由于该芯片允许差动输入，在共模输入电压允许的情况下，输入电压范围可以从非零伏开始，即 $V_{min}\sim V_{max}$。此时芯片的 $V_{in(-)}$ 端应该接入等于 V_{min} 的恒值电压上，而输入电压 V_{in} 仍然加到 $V_{IN(+)}$ 引脚上。

⑤ AGND 和 DGND（引脚 8、10）：为避免数字电路对模拟电路的干扰，A/D 转换器一般都有两个接地端——模拟地 AGND 和数字地 DGND，使数字电路的地电流不影响模拟信号

回路,以防止寄生耦合造成的干扰。

⑥ $V_{REF}/2$(引脚 9):参考电压 $V_{REF}/2$ 一般由外部电路提供,从 $V_{REF}/2$ 端直接送入。$V_{REF}/2$ 端电压值应是输入电压范围的 1/2,所以输入电压的范围可以通过调整 $V_{REF}/2$ 引脚处的电压加以改变,转换器的零点无需调整。

ADC0804 的工作时序如图 6-33 所示。

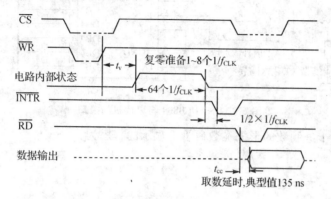

图 6-33 ADC0804 的工作时序

当系统需要进行 A/D 转换时,由 CPU 给 ADC0804 发出有效的 $\overline{CS}$ 和 $\overline{WR}$ 信号。当 ADC0804 的 $\overline{CS}$ 变为有效的低电平后,在 $\overline{WR}$ 上升沿到来时 ADC0804 开始 A/D 转换的准备工作,经 1~8 个时钟周期的准备后,开始 A/D 转换。A/D 转换的过程需 64 个时钟周期,经过 64 个时钟周期后,A/D 转换结束,再过 1/2 个时钟周期后,由 ADC0804 的 $\overline{INTR}$ 脚输出转换结束信号(低电平有效)。当 CPU 接收到 A/D 转换结束的信号后,发出低电平有效的读信号 $\overline{RD}$,ADC0804 收到 $\overline{RD}$ 后,经 135 ns 的延时,将 A/D 转换的结果送到数据总线(DB0~DB7)上。

2. ADC0804 与单片机的接口电路

在 ELITE-III 开发板上,ADC0804 与单片机的接口电路图如图 6-34 所示。

图中,ADC0804 的 DB0~DB7 接到单片机 P0 口的 P0.0~P0.7,向单片机 P0 口输出 A/D 转换的结果。片选端 $\overline{CS}$ 接 3—8 译码器 74HC138 的 $\overline{Y3}$(Csad,译码地址 A2A1A0=101),读/写控制信号 $\overline{RD}$ 与 $\overline{WR}$ 接单片机的 P37、P36,控制 ADC0804 的 A/D 转换及转换结果的输出。时钟信号由外接的 RC 电路提供,参考电压 $V_{REF}/2$ 接电源 V_{CC},A/D 转换的模块输出电压采用差模输入方式,$V_{in(-)}$ 接地、$V_{in(+)}$ 接模拟电压的输入。转换结束信号接单片机的 P3.4,可向单片机发 A/D 转换结束信号(下面的 A/D 转换控制程序未用到此脚)。为了电路设计的简便,本电路的模拟地(AGND)与数字地(DGND)未分开,都接到电路的共用地。

3. 单片机控制 ADC0804 程序设计

基于以上 A/D 转换控制电路,使用 ELITE-III 开发板内部电位器输入的模拟信号,并将

第6章 ELITE-III 开发应用实例

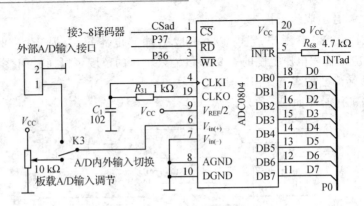

图 6-34 ADC0804 与单片机的接口

A/D 转换的结果以十进制数的形式在数码管上显示的程序为：

```
#include<reg52.h>
#define  uchar  unsigned char
sbit addr0 = P1^4;                         //系统片选地址线 0
sbit addr1 = P1^5;                         //系统片选地址线 1
sbit addr2 = P1^6;                         //系统片选地址线 2
sbit addr3 = P1^7;                         //系统片选地址线 3
sbit led   = P1^0;
//行扫描数组
uchar code scan[6]  = {0xfe,0xfd,0xfb,0xf7,0xef,0xdf};   //row0~row5
//数码管显示的段码表
uchar code table[12] = {0xc0,0xf9,0xa4,0xb0,0x99,0x92,   //0,1,2,3,4,5
                        0x82,0xf8,0x80,0x90,0xbf,0xff};  //6,7,8,9,-,空格
uchar dispbuf[6];                                        //显示缓冲区
/*************************延时函数************************/
void delay (unsigned int us)
{
    while(us--);
}
/*************************显示函数************************/
void ledscan()
{
    unsigned char i,dispcode;
    for(i = 0;i<6;i++)
    {
        P2 = 0xff;
```

```c
            addr3 = 0;
            addr0 = 0;
            addr1 = 1;
            addr2 = 0;                              //数码管字段码锁存器 U4 的片选地址
            dispcode = table[dispbuf[i]];           //取一行显示数据
            if(i == 3)
                P0 = dispcode & 0x7f;               //整数位,加上小数点
            else
                P0 = dispcode;
            addr3 = 1;
            addr3 = 0;                              //锁存器 U4 的 11 脚产生上升沿
            P2 = scan[i];                           //取 row0～row5 行扫描数据
            delay(50);                              //延时 50 μs
        }
    }
/*************************0804 的 AD 转换程序***********************/
void ADC0804(void)
{
    uchar adc0804value;
    float voltage,decimal;
    unsigned int intvolt,tofloat;
    led = ~led;
    addr0 = 1;
    addr1 = 1;
    addr2 = 0;
    addr3 = 1;                                      //AD0804 片选地址
    WR = 0;                                         //AD0804 的WR上升沿,启动 AD 转换
    WR = 1;
    addr3 = 0;                                      //0804 的CS变高电平
    delay(100);                                     //延时等待转换完成
    addr3 = 1;                                      //0804 的CS变低电平
    RD = 0;                                         //RD低电平,准备读 AD 转换结果
    adc0804value = P0;                              //读 AD 转换结果
    RD = 1;
    addr3 = 0;
    voltage = adc0804value;
    voltage = voltage * 0.0391;                     //将二进制字节数据变成实际电压
                                                    //10/256 = 0.0391
    intvolt = voltage;                              //取整数部分
```

```
        tofloat = intvolt;
        decimal = voltage - tofloat;            //取小数部分
        decimal = decimal * 100;                //小数部分取两位
        dispbuf[3] = intvolt % 0x0a;            //整数部分个位
        intvolt = decimal;
        dispbuf[5] = intvolt % 0x0a;            //小数部分低位
        intvolt = intvolt / 0x0a;
        dispbuf[4] = intvolt % 0x0a;            //小数部分高位
}
/****************************** 主函数 ******************************/
main()
{
uchar i;
for(i = 0;i<8;i++)
    dispbuf[i] = 11;
    while(1)
    {
        for(i = 0;i<10;i++)
            ledscan();                          //显示,读键扫描
        ADC0804();
    }
}
```

6.6 单片机串行通信

在较大型的控制系统中,单片机常常要与远端的设备或 PC 机进行通信,以控制远端的设备或者和 PC 机交换数据。使用 80C51 单片机自身的串行通信模块,可以方便地实现单片机之间的点对点、点对多点以及与 PC 机的通信。本节将介绍串行通信的一般知识,80C51 单片机的 UART 串行接口的结构、原理以及单片机串行通信的实现方法。

6.6.1 串行通信的基础知识

1. 并行通信和串行通信

单片机通信是指单片机与外部器件、单片机与单片机,以及单片机与计算机之间的信息交换。基本的通信方式有并行通信和串行通信两种方式。

(1) 并行通信方式

并行通信方式是将数据字节的各位用多条数据线同时进行传送,每一位占用一条通信线,

另外还需要联络线协调单片机和外部器件之间的工作。其优点是有较高的传输速率;缺点是传输线较多,长距离传送时接收方的各位接收信号困难,接收电路复杂、成本高,因此传输距离受到限制。这种方式多用于近距离的数据传输,示意图如图6-35所示。

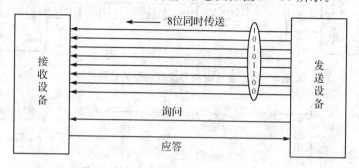

图6-35 数据传输图

(2) 串行通信方式

串行通信是将数据字节分成一位一位的形式,按时间先后在一条传输线上逐位传输。其优点是传输线路少,长距离传输时成本低,特别适用于远距离通信;缺点是传输速度较慢。示意图如图6-36所示。

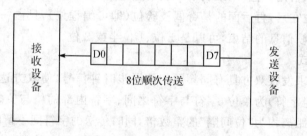

图6-36 8位数据传送

2. 串行通信的两种基本方式

串行通信分为异步通信和同步通信两种基本方式。

(1) 异步通信方式

异步通信是指发送与接收设备使用各自的时钟控制数据的发送与接收过程。通信双方可以有各自独立的时钟,时钟频率可以不相同。示意图如图6-37所示。

异步通信的数据传送一般以字符为单位,字符与字符间的传送是完全异步的,位与位之间的传送基本上是同步的,相邻两字符间的间隔是任意长。接收端时刻做好接收的准备,发送端可以在任意时刻发送数据,每传送一个字符都要加上起始位和停止位,以便接收端能够将一个字符完整的接收下来。

异步通信的数据格式(字符格式)描述如图6-38所示。

第6章 ELITE-III 开发应用实例

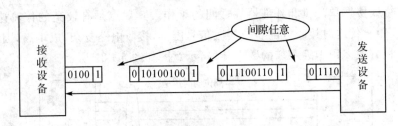

图 6-37 接收设备与发送设备的数据传输

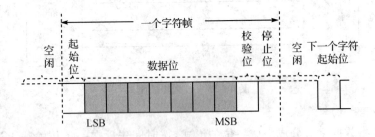

图 6-38 字符帧示意图

起始位为 0 信号,占用一位,用来表示一帧信息的开始;其后就是数据位,可以为 5~8 位,传送时低位在先、高位在后;再后面的是奇偶校验位(即可编程位),只占一位;最后是停止位,它用逻辑 1 来表示一帧信息的结束,可以是 1 位、1 位半或 2 位。

(2) 同步通信方式

同步通信方式要求发收双方具有同频同相的同步时钟信号,使双方达到完全同步。数据传送是以数据块(一组字符)为单位,字符与字符之间、字符内部的位与位之间都同步。此时,传输数据的位之间的距离均为"位间隔"的整数倍,同时传送的字符间不留间隙,即保持位同步的关系,也保持字符同步的关系。发送端首先发送一个或两个同步字符,当发送方和接收方达到同步后,就可以一个字符接一个字符地发送一大块数据,而不再需要用起始位和停止位了,这样可以明显地提高数据的传输速率。

发送方对接收方的同步可以通过外同步和自同步两种方法来实现,如图 6-39 所示。

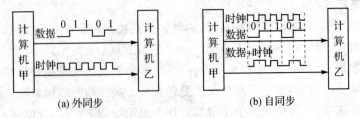

图 6-39 同步方式的两种方法

3. 单片机串行口简介

为了使单片机能够实现串行通信,80C51系列单片机芯片的内部设计了UART串行接口;它是一个全双工的串行通信端口,能够同时进行接收和发送数据。其帧格式有8位、10位和11位3种,能够设置各种波特率,使用方便、灵活。

80C51串行口的结构如图6-40所示,在进行串行通信时,外部数据通过RXD(P3.0)输入。输入数据首先逐位进入移位寄存器,将串行数据转换为并行数据,再送入接收寄存器。发送时,要发送的数据通过发送端的控制逻辑门电路逐位通过TXD(P3.1)输出。

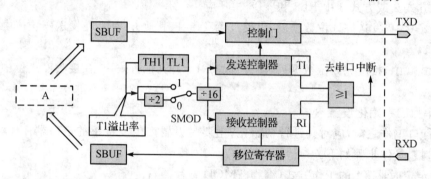

图6-40 串行口的结构

(1) 数据缓冲寄存器SBUF

两个物理上独立的接收、发送缓冲器寄存器SBUF,它们占用同一地址99H。读/写不会因为是同一地址产生冲突,因为CPU读数据就是读接收器寄存器,CPU写数据就是写发送寄存器。

(2) 状态控制寄存器SCON

SCON是一个特殊功能寄存器,用以设定串行口的工作方式、接收/发送控制以及设置状态标志,既可按字节寻址也可按位寻址,字节地址位98H,位地址为98H~9FH。各位定义如下所示:

位	7	6	5	4	3	2	1	0
字节地址:98H	SM0	SM1	SM2	REN	TB8	RB8	TI	RI	SCON

① SM0和SM1为工作方式选择位,可选择4种工作方式,如表6-3所列。

表6-3 串行口的工作方式

SM0	SM1	方式	说明	波特率
0	0	0	移位寄存器	$f_{osc}/12$
0	1	1	10位异步收发器(8位数据)	可变
1	0	2	11位异步收发器(9位数据)	$f_{osc}/64$ 或 $f_{osc}/32$
1	1	3	11位异步收发器(9位数据)	可变

② 在方式0中,SM置为0;在方式1中,当串行口处于接收状态时,若SM2=1,则只有接收到有效的停止位时才将RI置1;在方式2和方式3中,SM2主要用于进行多机通信控制。当SM2=1且RB=1时,RI置1,且产生中断请求,将接收到的8位数据送入SBUF。当SM2=0时,不管RB是否为1,都将接收到的8位数据送入SBUF,并产生中断。

③ REN=1时,允许接收;REN=0时,禁止接收。

④ TB8位在方式0和方式1中无效;在方式2或方式3中,根据需要由软件置位或复位。指令设定地址帧时,可设TB8=1;设定数据帧时,TB8=0。

⑤ 在方式2或方式3中RB8和TB8相呼应。

⑥ 方式0中,发送完8位数据后,由硬件置TI=1;其他方式中,在发送停止位之初就由硬件置TI=1。

⑦ 方式0中,接收完8位数据后,由硬件置RI=1;其他方式中,在接收停止位中间由硬件置RI=1。

(3) 串行口初始化设置

在串行口工作之前,应对其进行初始化,主要是设置产生波特率的定时器1、串行口控制和终端控制。具体步骤如下:

① 确定定时器T1的工作方式(编程TMOD寄存器);

② 计算定时器T1的初值,装TH1、TL1;

③ 启动定时器T1(编程TCON中的TR1位);

④ 确定串行口控制(编程SCON寄存器);

⑤ 串行口在中断方式工作时,要进行中断设置(编程IE、IP寄存器)。

在串行通信中,收发双方对发送或接收数据的速率(波特率)要有约定。以串行口工作方式1,SMOD=0为例,它的波特率计算方法如下:

$$方式1的波特率 = (2^{SMOD}/32) \times (T1的溢出率)$$

当T1作为波特率发生器时,最典型的用法是使T1工作在自动装入的8位定时器方式下(即定时器的方式2,且TCON的TR1=1,以启动定时器),这时溢出率取决于TH1中的计数值。

$$T1溢出率 = f_{osc}/[12 \times (256-TH1)]$$

其中,f_{osc}为单片机的频率(11.059 2 MHz)。

6.6.2 单片机与PC机的通信

单片机和PC机的串行通信一般采用RS232C、RS422或RS485总线标准接口。为保证通信的可靠,在选择接口时必须注意:通信的速率;通信距离;抗干扰能力;组网方式。这里介绍采用RS232C接口与单片机通信的方法。

RS232C是在RS232基础上经过改进而形成的。RS232C标准是1969年由美国EIA(电子工业联合会)与 BELL 等公司一起开发公布的一种串行通信协议,适合于数据传输速率在 0~20 kbps 范围内的通信。由于通信设备厂商都生产与 RS232 制式兼容的通信设备,因此,它作为一种标准,目前已在计算机通信接口中广泛应用。

1. 单片机与 PC 机的通信电路

RS232C 标准规定的逻辑电平使用 $-3\sim-15$ V 表示逻辑"1",使用 $+3\sim+15$ V 表示逻辑"0",与 TTL 等数字电路的逻辑电平不兼容,因此单片机和 PC 机之间相互连接时必须先进行逻辑电平的转换。这里选用 MAX232 作为电平转换芯片,它与 RS232 接口的连接电路图如图 6-41 所示,其中 RS232 接口的第 2 脚是 TXD,第 3 脚是 RXD。

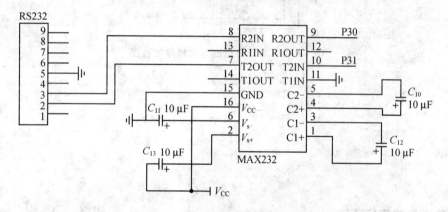

图 6-41 RS232C 的原理图

2. 单片机与 PC 机的通信程序设计

(1) 查询方式串行通信

单片机以查询方式接收 PC 机发送数据的程序流程如图 6-42 所示(P1 接发光二极管)。程序如下:

```c
#include<reg52.h>
#define uchar unsigned char
uchar a;
void main()
{   TMOD = 0x20;            //设置定时器工作方式
    TL1 = 0xfd;
    TR1 = 1;
    TH1 = 0xfd;             //设置波特率 9600
    SCON = 0x50;
    while(1)
    {
        if(RI)
```

第6章 ELITE-III 开发应用实例

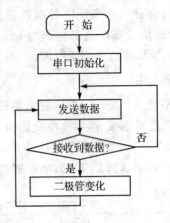

图6-42 串行口查询方式程序流程图

```
            {
              RI = 0;
              a = SBUF;
              P1 = a;
            }
          }
        }
```

(2) 中断方式串行通信

查询方式虽然可以实现单片机与PC机的串行通信,但程序须停在此处不断查询标志位RI的状态,占用了CPU的资源。实际应用中,常以串口中断的方式实现单片机与PC机的串行通信。一个以串行中断的方式实现PC机与单片机之间进行字符串传输的中断服务子程序流程如图6-43所示。程序如下:

```
#include <reg52.h>
#define uint   unsigned int
#define uchar  unsigned char
bit receive;                        //接收标志
bit re_finish;                      //接收一串字符完成标志
sbit lck = P3^5;                    //HC574 锁存信号
sbit LED = P1^3;                    //串口通信指示
sbit addr0 = P1^4;                  //系统片选地址线0
sbit addr1 = P1^5;                  //系统片选地址线1
sbit addr2 = P1^6;                  //系统片选地址线2
sbit addr3 = P1^7;                  //系统片选地址线3
uchar i,buffer[8];                  //串口缓冲区
```

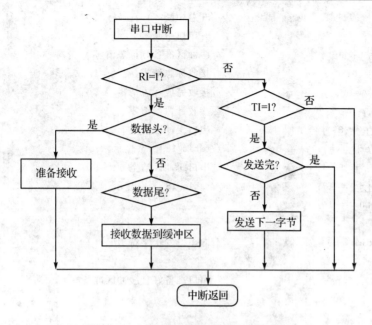

图 6 - 43 串行口中断服务子程序流程图

```
uchar cash[8];                    //数码管显示缓冲区
uchar sbuffer,number;             //发送字符个数
uchar sendFINS ;                  //发送完成标志
uchar copyOK , cmd_numb ;         //发送缓冲区填充完成标志
                                  //数码管位扫描数据
uchar code scan[8] = {0xfe,0xfd,0xfb,0xf7,0xef,0xdf,0xbf,0x7f}; //row0~row7
                                  //数码管数字码表
uchar code table[18] = {0xc0,0xf9,0xa4,0xb0,0x99,0x92,//0,1,2,3,4,5
                0x82,0xf8,0x80,0x90,0x88,0x83,//6,7,8,9,a,b
                0xc6,0xa1,0x86,0x8e,0xbf,0xff};//c,d,e,f,-,
void  delay(unsigned int loop);   //延时函数声明
void initial(void)                //初始化函数
{uchar j;
    SCON = 0x50;                  //串口工作方式1,允许接收
    PCON = 0x80;                  //波特率翻倍
    TCON = 0;
    TMOD = 0x26;                  //T1用于串口波特率控制
    TL1 = 0xfa;                   //初始化 T1,波特率为9600(晶振 11.059 2 MHz)
    TH1 = 0xfa;
    TR1 = 1;                      //开定时器
```

```c
        EA = 1;                          //开总中断
        ES = 1;                          //开串口中断
        copyOK = 0;                      //缓冲区准备好标志清零
        receive = 0;                     //接收标志清零
        re_finish = 0;                   //接收完成标志清零
        cmd_numb = 0;                    //接收计数器清零
        for(j=0; j<8; j++)               //串口缓冲区清空
            buffer[j] = 17;              //table[18]为空显示
        for(j=0; j<8; j++)               //串口缓冲区清空
            cash[j] = 17;                //table[18]为空显示
            cash[0] = 15;
        }
void  send(void)                         //向串口发送字符串

{ if(copyOK)                             //串口准备好且缓冲区准备好
  {
     i = 0;
     REN = 0;                            //发送过程中禁止接收数据
     copyOK = 0;                         //清缓冲区准备好标志
     SBUF = cash[i++] + '0';             //发送字符串首字符
     number = 7;                         //置发送计数器
  }
  else
  return;                                //没准备好则返回
}
void serial(void) interrupt 4            //串口中断函数
{  uchar k;
   if(RI)                                //为接收中断
   {  RI = 0;                            //清接收中断标志
      LED = ~LED;                        //闪串口指示LED
      sbuffer = SBUF;                    //读取串口缓冲区数据
      if((sbuffer == 's') && (receive == 0))    //判断是否为数据头,是数据头则准备接收
      {  receive = 1;                    //开始接收标志
         cmd_numb = 0;                   //清接收计数器
         re_finish = 0;                  //清接收完成标志
      }
      else if(sbuffer == 'e')            //判断数据尾
      {
```

```c
        if(cmd_numb<8)              //接收到的字符少于8个
            for(k = cmd_numb;k<8;k++)   //则空位填空显示
                buffer[k] = 17;
            re_finish = 1;          //置接收完成标志
            receive = 0;            //清接收标志
        }
        else if(receive)
            {                       //判断当前是否处于接收状态
            buffer[cmd_numb++] = sbuffer-'0';  //当前字符送缓冲区
            }
        else                        //无效命令则返回
            return;
            }
    else{
    TI = 0;                         //为单个字符发送完中断
    if(!number)                     //字符串发送完
    { REN = 1;                      //允许接收
    }
    else{                           //字符串未发送完
        SBUF =  cash[i++]+'0';      //发送下一字符
        number--;                   //发送字符数减一
        }
    }
  }
void delay(unsigned int loop)       //延迟函数
{ unsigned int i;                   //loop为执行空指令的次数,改变它可一改变延时时长
for(i=0;i<loop;i++);                //循环执行空指令loop次,达到延时目的
}
void ledscan()                      //数码管显示扫描
{ uchar i;
    for(i=0;i<8;i++){
            P2 = 0xff;              //关闭所有数码管
            addr3 = 0;
            addr0 = 0;
            addr1 = 1;
            addr2 = 0;              //开发板上U4(74HC574)的片选地址
            P0 = table[cash[i]];    //取一行显示数据
            addr3 = 1;
```

```c
            addr3 = 0;              //在U4的11脚(锁存信号)产生上升沿
            P2 = scan[i];           //取row0~row7行扫描数据
            delay(50);              //延时50 μs
        }
    }
    void NumLed(uint m_startTable)
    {   uint i;
        for(i = m_startTable;i<m_startTable + 6;i ++ )
        {
            P2 = 0xFF;
            delay(50);
            addr3 = 0;
            addr0 = 0;
            addr1 = 1;
            addr2 = 0;
            P0 = table[i];
            addr3 = 1;
            addr3 = 0;
            P2 = scan[i - m_startTable];
            delay(50);
        }
    }
    void main()                     //主程序
    {   initial();
        while(1){                   //主循环
        if(re_finish){              //把串口缓冲区的内容送到显示缓冲区
        cash[0] = buffer[0];
        cash[1] = buffer[1];
        cash[2] = buffer[2];
        cash[3] = buffer[3];
        cash[4] = buffer[4];
        cash[5] = buffer[5];
        cash[6] = buffer[6];
        cash[7] = buffer[7];
        re_finish = 0;              //接收完成标志
        copyOK = 1;                 //发送缓冲区填充完成标志
        send();                     //把显示缓冲区的内容发送给电脑
        }
```

```
for(i = 0;i<= 2;i ++ )
    { for(j = 0;j<25;j ++ )        //让数码管状态保持一段时间
        NumLed(i);
    }
    ledscan();                      //循环扫描数码管
    }
}
```

6.6.3 单片机之间的通信

80C51的方式2和方式3可以用于多机通信,也可以方便地应用在多机分布式系统之中。在这种方式中通常采用一个主机和多个从机的方式。

1. 两个单片机之间的通信

双机通信也称为点对点的异步通信。利用单片机的串行口,可以实现单片机与单片机的串行通信。如果两个单片机之间的距离较短,则可以直接连接两个单片机的串行端口,连接时将一方的TXD和另一方的RXD相连。当两个单片机的距离较远时,采用RS232或者RS422标准总线接口进行双机通信,可使通信距离增加到15~120 m。

图6-44是两个80C51间进行点对点双机异步通信的连接方法,信号采用RS232电平传输,并用MAX232芯片进行电平转换。

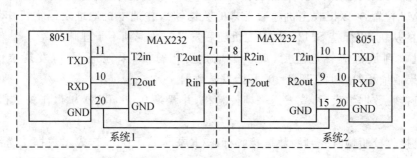

图6-44 点对点双机异步通信

2. 串行多机通信

在实际应用中,经常会遇到多个单片机协调工作的情况,这就需要构建一个点对多点的分布式多机通信系统,80C51的方式2和方式3可以用于多机通信。在这种方式中通常采用一个主机和多个从机的方式。

(1) 硬件连接

单片机构成的多机系统常采用总线型主从式结构。主从式即在数个单片机中,有一个是主机,其余的是从机,从机要服从主机的调度和支配。AT89C52单片机的串行口方式2和方

第6章 ELITE-III 开发应用实例

式3就适于这种主从式的通信结构。当然采用不同的通信标准时,还需进行相应的电平转换,有时还要对信号进行光电隔离。在实际的多机应用系统中,常采用RS485串行标准总线进行数据传输,示意图如图6-45所示。

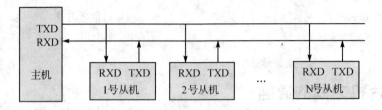

图6-45 总线型主从式结构

(2) 通信协议

在点对多点的多机通信系统中,关键问题是如何识别各个点,这主要是靠主、从机之间正确地设置与判断多机通信控制位SM2和发送接收的第9位数据来实现的。

点对多点通信的流程如下:

① 所有从机处于方式2或方式3状态,同时置SM2位为1,使从机处于接收地址帧状态。

② 主机置TB8=1,发送一地址帧,其中8位是地址,第9位为地址帧/数据帧的区分标志,该位置1表示该帧为地址帧。

③ 所有从机收到地址帧后,都将接收的地址与本机的地址比较。对于地址相符的从机,使自己的SM2位置0(以接收主机随后发来的数据帧),并把本机地址发回主机作为应答;对于地址不符的从机,仍保持SM2=1,对主机随后发来的数据帧不予理睬。

④ 主机收到从机应答地址后,确认地址是否相符,如果地址不符,发复位信号,保持TB8=1;如果地址相符,则置TB8=0,开始发送数据。

⑤ 从机接收数据结束后,要发送一帧校验和,并置第9位(TB8)为1,作为从机数据传送结束的标志。

⑥ 主机接收校验帧时先判断数据接收标志(RB8),若RB8=1,表示数据传送结束,并比较此帧校验和,若正确则回送正确信号0x00,此信号命令该从机复位(即重新等待地址帧);若校验和出错,则发送0xFF,命令该从机重发数据。若接收帧的RB8=0,则存数据到缓冲区,并准备接收下帧信息。

⑦ 从机收到复位命令后回到监听地址状态(SM2=1),否则开始接收数据和命令。

6.7 I²C 总线技术

近年来,芯片间的串行数据传输技术被大量采用,串行扩展接口和串行扩展总线的设置大大简化了系统结构。由于串行总线连接线少,总线的结构比较简单,不需要专用的接口,可以直接用导线连接各种芯片,因此,采用串行总线可以使系统的硬件设计简化,系统的体积减小,可靠性提高,同时,系统易于更改和扩充。

目前,单片机应用系统中使用的串行总线主要采用 I^2C 总线、SPI 总线、1-Wire 总线和 SMBUS 等几种方式。这里主要对 I^2C 总线进行介绍。

6.7.1　I^2C 总线

I^2C 总线是 PHILIPS 公司推出的一种串行总线,是具备多主机系统所需的包括总线裁决和高低速器件同步功能的高能串行总线。

1. I^2C 总线的基本结构

I^2C 只有两根双向信号线,一根是数据线 SDA,另一根是时钟线 SCL。所有连接到 I^2C 总线上的设备,其串行数据都接到总线的 SDA 线上,而各设备的时钟均接到总线的 SCL 线上。I^2C 总线的基本结构如图 6-46 所示。

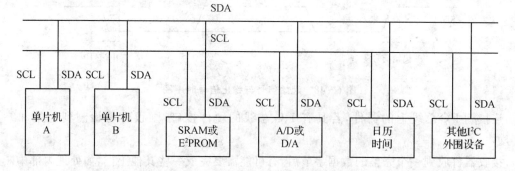

图 6-46　I^2C 总线的基本结构图

为了进行通信,每个接到 I^2C 总线上的器件都有唯一的地址。主机与其他器件间进行数据传送时,数据由主机发送到其他器件,这时主机称为发送器,接收数据的器件则为接收器。

2. 数据传输

(1) 数据位的有效性规定

I^2C 总线进行数据传送时,时钟信号为高电平期间,数据线上的数据必须保持稳定,只有在时钟信号为低电平期间,数据线上的高电平或低电平状态才允许变化,时序图如图 6-47 所示。

(2) 起始和停止条件

I^2C 总线的协议规定:SCL 线为高电平期间,SDA 线由高电平向低电平的变化表示起始信号。SCL 线为高电平期间,SDA 线由低电平向高电平的变化表示终止信号,示意图如图 6-48 所示。起始和终止信号都是由主机发出的,在起始信号产生后,总线就处于占用的状态;在终止信号产生后,总线就处于空闲状态。

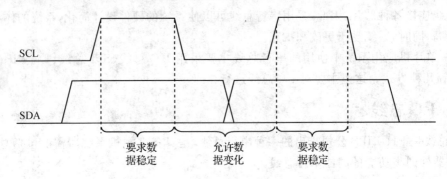

图6-47 数据传送时序图

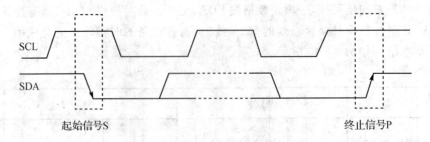

图6-48 起始信号与终止信号时序图

连接到 I^2C 总线上的器件,若具有 I^2C 总线的硬件接口,则很容易检测到起始和终止信号。

接收器件收到一个完整的数据字节后,有可能需要完成一些其他工作,如处理内部中断服务等,可能无法立刻接受下一个字节,这时接收器件可以将 SCL 线拉成低电平,从而使主机处于等待状态,直到接收器件准备好接受下一个字节时,再释放 SCL 线使之为高电平,从而使数据传送可以继续进行。

(3) 数据传送格式

1) 字节传送与应答

每一个字节必须保证是 8 位长度。数据传送时,先传送最高位(MSB),每一个被传送的字节后面都必须跟随一位应答位(即一帧共有 9 位),示意图如图 6-49 所示。

当由于某种原因(如从机正在进行实时性的处理工作而无法接收总线上的数据)从机不对主机寻址信号应答时,它必须将数据线置于高电平,从而由主机产生一个终止信号以结束总线的数据传送。

如果从机对主机进行了应答,但在数据传送一段时间后无法继续接收更多的数据,从机可以通过对无法接收的第一个数据字节的"非应答"来通知主机,主机则应发出终止信号以结束数据的继续传送。

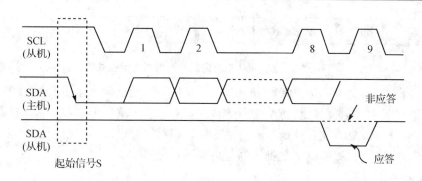

图 6-49　字节传送与应答时序图

当主机接收数据时,它收到最后一个数据字节后,必须向从机发出一个结束传送的信号。这个信号是由对从机的"非应答"来实现的,然后从机释放 SDA 线,以允许主机产生终止信号。

2) 数据帧格式

I^2C 总线上传送的数据信号是广义的,既包括了地址信号,又包括了真正的数据信号。在起始信号后必须传送一个从机的地址(7 位),第 8 位是数据的传送方向位(R/T),用"0"表示主机发送数据(T),用"1"表示主机接收数据(R)。每次数据传送总是由主机产生的终止信号结束。但是,若主机希望继续占用总线进行新的数据传送,则可以不产生终止信号,只需马上再次发出起始信号对另一从机进行寻址即可。

因此,在总线的一次数据传送过程中,可以有以下几种组合方式:

① 主机向从机发送数据,数据传送方向在整个传送过程中不变,其数据传送格式如图 6-50 所示。

| S | 从机地址 | 0 | A | 数据 | A | 数据 | A/$\overline{A}$ | P |

注:有阴影部分表示数据由主机向从机传送,无阴影部分则表示数据由从机向主机传送。A 表示应答,$\overline{A}$ 表示非应答(高电平)。S 表示起始信号,P 表示终止信号。

图 6-50　主机向从机发送数据的数据传输格式

② 主机由从机处读取数据,在整个传输过程中除寻址字节外,都是从机发送、主机接收,其数据传送格式如图 6-51 所示。

| S | 从机地址 | 1 | A | 数据 | A | 数据 | $\overline{A}$ | P |

图 6-51　主机由从机读取数据的数据传送格式

③ 主机既向从机发送数据也接收数据,当需要改变传送方向时,起始信号和从机地址都被重复产生一次,两次读、写方向正好相反,其数据传送格式如图 6-52 所示。

第6章 ELITE-III 开发应用实例

| S | 从机地址 | 0 | A | 数据 | A/$\overline{A}$ | S | 从机地址 | 1 | A | 数据 | $\overline{A}$ | P |

图 6-52 主机向从机发送数据的数据传送格式

由以上格式可见,无论哪种方式,起始信号、终止信号和地址均由主机发送,数据字节的传送方向由寻址字节中方向位规定,每个字节的传送都必须有应答信号位(A 或 $\overline{A}$)相随。

需注意,寻址字节只表明器件地址及传送方向,而器件内部的数据地址是由编程者在传送的第一个数据中指定的,即第一个数据为器件内的子地址。

3) 总线的寻址约定

I^2C 总线协议有明确的规定,即采用 7 位的寻址字节(寻址字节是起始信号后的第一个字节)。

寻址字节的位定义如图 6-53 所示。

位	7	6	5	4	3	2	1	0
				从机地址				R/$\overline{W}$

图 6-53 寻址字节的位定义

D7~D1 位组成从机的地址,D0 位是数据传送方向位,D0 为"0"时,表示主机向从机写数据;D0 为"1"时,表示主机由从机读数据。

主机发送地址时,总线上的每个从机都将这 7 位地址码与自己的地址进行比较,如果相同,则认为自己正被主机寻址,然后根据 R/T 位将自己确定为发送器或接收器。

从机的地址由固定部分和可编程部分组成。在一个系统中可能希望接入多个相同的从机,从机地址中的可编程部分决定了可接入总线该类器件的最大数目。如一个从机的 7 位寻址位有 4 位是固定位,3 位是可编程位,这时仅能寻址 8 个同样的器件,即可以有 8 个同样的器件接入到该 I^2C 总线系统中。

3. 总线竞争与仲裁

在多单片机系统中,可能在某一时刻有两个单片机要同时向总线发送数据,这种情况叫总线竞争。I^2C 总线具有多主控能力,可以对发生在 SDA 线上的总线竞争进行仲裁。其仲裁原则如下:当多个主器件同时想占用总线时,如果某个主器件发送高电平,而另一个主器件发送低电平,则发送电平与此时 SDA 总线电平不符的那个器件将自动关闭其输出级。

总线竞争的仲裁是在两个层次上进行的。首先是地址位的比较,如果主器件寻址同一个从器件,则进入数据位的比较,从而确保了竞争仲裁的可行性。由于是利用 I^2C 总线上的信息进行仲裁,因此不会造成信息的丢失。

6.7.2 串行 EEPROM AT24C02

EEPROM(Electrically Erasable Programmable Read-Only Memory),电可擦可编程只读存储器是一种掉电后数据不丢失的存储芯片。EEPROM 可以在计算机或专用设备上擦除已有信息,重新编程,一般用于即插即用(Plug & Play)接口卡中,用来存放硬件的设置数据,在防止软件非法复制的"硬件锁"上面也能找到它。

(1) AT24C02 简介

AT24C02 是由 Atmel 公司生产的基于 I^2C 总线的串行 EEPROM 的典型产品,其容量为 1 KB,工作电压在 1.8~5.5 V 之间,采用 CMOS 生产工艺,其引脚图如图 6-54 所示。AT24C02 的功能表如表 6-4 所列。

表 6-4 AT24C02 的功能表

引脚名称	功能描述
A0、A1、A2	器件地址输入端
SDA	串行数据输入/输出口
SCL	串行移位时钟控制端。写入时上升沿触发,读出时下降沿触发
WP	写保护控制引脚
GND	接地
V_{CC}	接电源

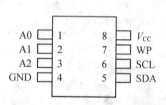

图 6-54 AT24C02 引脚图

(2) AT24C02 与单片机的接口电路

AT24C02 与单片机的接口电路图如图 6-55 所示。

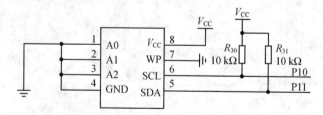

图 6-55 AT24C02 与单片机的接口原理图

(3) AT24C02 数据的读/写

程序如下:

```
Void start()            //开始信号
{
    SDA = 1;
    Delay();
```

第6章 ELITE-III 开发应用实例

```c
        SCL = 1;
        Delay();
        SDA = 0;
        Delay();
    }
    Void stop()                          //终止信号
    {
        SDA = 0;
        Delay();
        SCL = 1;
        Delay();
        SDA = 1;
        Delay();
    }
    Void response()                      //应答信号
    {
        if(a == 0)SDA = 0;
        else SDA = 1;
        Delay();
        SCL = 1;
        Delay();
        SCL = 0;
        Delay();
    }
    Void writebyte(uchar c)              //写一个字节
    {
        uchar i,j;
        for(i = 0;i<8;i++ )
        {
            If((c<<i)&0x80)SDA = 1;
            SDA = 0;
            Delay();
            SCL = 1;
            Delay();
            SCL = 0;
            Delay();
        }
        Delay();
        SDA = 1;
```

```
        Delay();
        SCL = 1;
        Delay();
        if(SDA == 1)response = 0;
        else response = 1;
        SCL = 0;
        Delay();
}
uchar readbyte()                    //读一个字节
{
    uchar i,j;
    j = 0;
    SDA = 1;
    for(i = 0;i<8;i++)
    {
        Delay();
        SCL = 1;
        Delay();
        SCL = 0;
        Delay();
        j = j<<1;
        if(SDA == 1)j = j + 1;
        Delay();
    }
    SCL = 0;
    Delay();
    return(j);
}
```

6.8 特殊总线串行通信

本节将以一线总线数字温度传感器 DS18B20 为例，介绍 51 系列单片机的特殊总线串行通信，并通过单片机实现温度测量。

6.8.1 数字温度传感器 DS18B20

1. DS18B20 简介

DS18B20 是 Dallas 半导体公司推出的一线总线数字化温度传感器，可以在进行现场温度数据采集的同时,将温度数据直接转换成数字量输出。此外,一线总线独特而且经济的特点,使得用户可以很方便地组建传感器网络,为测量系统的构建引入了全新的概念。

DS18B20 测量温度范围为 $-55\sim125℃$,其中在 $-10\sim+85℃$ 的范围内,精度为 $±0.5℃$,支持 $3\sim5.5\ V$ 的电压范围,使系统设计更灵活、方便。现场温度直接以"一线总线"的数字方式传输,大大提高了系统的抗干扰性,适合于恶劣环境的现场温度测量,主要用于环境控制、设备或过程控制、测温类消费电子产品中。

DS18B20 内部结构主要由 64 位光刻 ROM、温度传感器、非挥发的温度报警触发器 TH 和 TL 以及内部存储器等部分组成。

64 位光刻 ROM 中的 64 位序列号是出厂前被光刻好的,可以看作是该 DS18B20 的地址序列码。64 位光刻 ROM 的排列是:开始 8 位(0x28)是产品类型标号,接着的 48 位是该 DS18B20 自身的序列号,最后 8 位是前面 56 位的循环冗余校验码($CRC=X8+X5+X4+1$)。每一个 DS18B20 的地址序列码各不相同,这样就可以实现在一根总线上挂接多个 DS18B20 的目的。

DS18B20 中的温度传感器可完成对温度的检测。以 12 位转化为例,读数用 16 位符号扩展的二进制补码形式提供,以 $0.062\ 5℃/LSB$ 形式表达,其中 S 为符号位。表 6-5 为 DS18B20 温度值格式表。

表 6-5 DS18B20 温度值格式表

低位字节	bit7	bit6	bit5	bit4	bit3	bit2	bit1	bit0
	2^3	2^2	2^1	2^0	2^{-1}	2^{-2}	2^{-3}	2^{-4}
高位字节	bit15	bit14	bit13	bit12	bit11	bit10	bit9	bit0
	S	S	S	S	S	2^6	2^5	2^4

DS18B20 温度传感器的内部存储器包括一个高速暂存 RAM 和一个非易失性的可电擦除的 EEPROM,后者存放高温度触发器 TH、低温度触发器 TL 和结构寄存器。

图 6-56 为 DS18B20 的外形和引脚排列,其内部结构如图 6-57 所示。

DS18B20 的引脚含义如下。
- DQ:数字信号输入、输出端。
- GND:电源地。
- V_{DD}:外接供电电源输入端。

DS18B20 的测温原理如图 6-58 所示,图中低温度系数晶振的振荡频率受温度影响很小,用于产生固定频率的脉冲信号送给计数器 1。高温度系数晶振的振荡频率随温度变化其值明显改变,它所产生的信号作为计数器 2 的脉冲输入。计数器 1 和温度寄存器被预置在 $-55℃$ 所对应的一个基数值。计数器 1 对低温度系数晶振产生的脉冲信号进行减法计数,当计数器 1 的预置值减到 0 时,温度寄存器的值将加 1。此时计数器 1 的预置将重新被装入,计数器 1

重新开始对低温度系数晶振产生的脉冲信号进行计数,如此循环直到计数器 2 计数到 0 时,停止温度寄存器值的累加,此时温度寄存器中的数值即为所测温度。图 6-58 中的斜率累加器用于补偿和修正测温过程中的非线性,其输出用于修正计数器 1 的预置值。

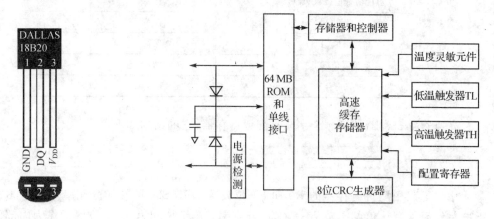

图 6-56 外形和引脚图   图 6-57 DS18B20 的内部结构图

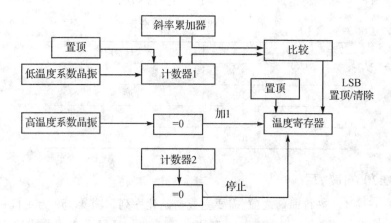

图 6-58 DS18B20 测温原理图

2. DS18B20 的寄存器

DS18B20 具有 9 个字节高速缓存,其地址分配如表 6-6 所列。字节 0 和字节 1 为只读寄存器,分别存储温度数据的 LSB 和 MSB;字节 2 和字节 3 为上限报警触发寄存器 TH 和下限报警触发寄存器 TL;字节 4 包含配置寄存器数据;字节 5、6 和 7 保留作为器件内部使用,不能被改写,读该寄存器时,返回值为 0xff;字节 8 是只读的,含有字节 0~字节 7 的 CRC 校验值。

表 6-6　DS18B20 的寄存器

寄存器内容	字节地址	寄存器内容	字节地址
温度值低位(LsByte)	0	保留	5
温度值高位(MsByte)	1	保留	6
高温限值(TH)	2	保留	7
低温限值(TL)	3	CRC 校验值	8
配置寄存器	4		

高速暂存寄存器的第 4 个字节是配置寄存器,它的结构如下：

TM	R1	R0	1	1	1	1	1

用户可以用配置寄存器的 R0 和 R1 位设置 DS18B20 的转换分配率。其中,R0 和 R1 在上电复位后的默认值都是 1,代表 12 位分辨率。第 7 位和第 0～4 位保留作为内部使用,其值不能改写,在读取时这些位将返回值 1。DS18B20 的转换分配率如表 6-7 所列。

表 6-7　DS18B20 的转换分配率

R1	R0	分辨率	温度最大转换时间/ms
0	0	9 位	93.75
0	1	10 位	187.5
1	0	11 位	375
1	1	12 位	750

3. DS18B20 的读/写

主机在与 DS18B20 进行通信之前,需要完成初始化序列。图 6-59 为主机初始化过程的"复位和存在脉冲",其中存在脉冲表示 DS18B20 已经准备好发送或接收主机发出的正确的 ROM 命令和存储器操作命令的数据。

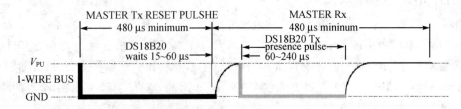

图 6-59　初始化过程"复位和存在脉冲"

总线主机发送(TX)一个复位脉冲(最短为 480 s 的低电平信号),接着总线主机便释放此线并进入接收方式(RX)。单线总线经过电阻被拉到高电平状态。在检测到 I/O 引脚上的上升沿之后,DS18B20 等待 15~60 μs 并且接着发送存脉冲 60~240 μs 的低电平信号。

当主机把数据线从逻辑高电平拉至逻辑低电平时,产生写时间片。有两种类型的写时间片:写 1 时间片和写 0 时间片。所有时间片必须有最短为 60 μs 的持续期,在各周期之间必需有最短为 1 μs 的恢复时间。

I/O 线由高电平变为低电平之后,DS18B20 在 15~60 μs 的窗口之间对 I/O 线采样。如果 I/O 线为高电平,则发生写 1 时间片;反之,如果 I/O 线为低电平,便发生写 0 时间片。图 6-60 为 DS18B20 的写时序。对于主机产生写 1 时间片的情况,数据线必须先被拉至逻辑低电平,然后被释放,数据线在写时间片开始之后的 15 μs 之内拉至高电平。

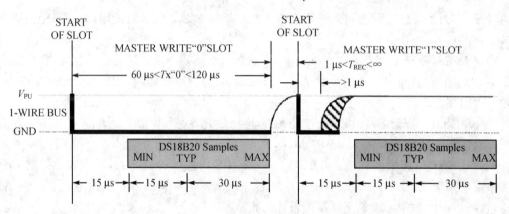

图 6-60 DS18B20 写时序

当从 DS18B20 读数据时,主机产生读时间片。当主机把数据线从逻辑高电平拉至低电平时,产生读时间片。数据线必须保持在逻辑低电平至少 1 μs;来自 DS18B20 的输出数据在读时间片下降沿之后的 15 μs 有效,因此在读时间片产生 15 μs 后,主机必须停止其他工作,把 I/O 引脚驱动至低电平。在读时间片结束时,I/O 引脚经过外部的上拉电阻拉回至高电平。读时间片的最短持续时间为 60 μs,各个读时间片之间必须有最短为 1 μs 的恢复时间。图 6-61 为 DS18B20 读时序。

4. DS18B20 的指令

(1) DS18B20 芯片 ROM 指令表

Read ROM(读 ROM)[33H]　　这个命令允许总线控制器到 DS18B20 的 64 位 ROM。只有总线上存在一个 DS18b20 的时侯可以使用次指令,如果挂接不止一个,通信时将会发生数据冲突。

Match ROM(指定匹配芯片)[55H]　　这条指令使芯片不对 ROM 编码做出反应,在总

第6章 ELITE-III 开发应用实例

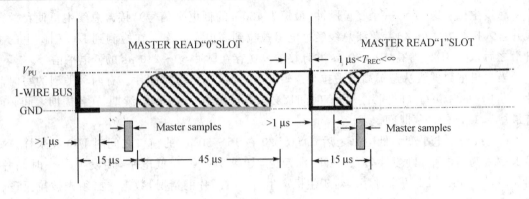

图 6-61 DS18B20 读时序

线的情况下,为了节省时间则可以选用次指令。如果在多芯片挂接时使用次指令,则会出现数据冲突,导致错误出现。

Skip ROM(跳跃 ROM 指令)[CCH]　　这条指令不对 ROM 编码做出反应,在单总线的情况下,为了节省时间则可选用次指令。如果在多芯片挂接时使用次指令将会出现数据冲突,导致错误出现。

Search ROM(搜索芯片)[FOH]　　在芯片初始化后,搜索指令允许总线上挂节多芯片时用排除法识别所以器件的 54 位 ROM。

Alarm Search(报警芯片搜索)[ECH]　　在多芯片挂接的情况下,报警芯片搜索指令只对附和温度高于 TH 或小于 TL 报警条件的芯片做出反应。只要芯片不掉电,报警状态将被保持,直到再一次测得温度达不到报警条件为止。

(2) DS18B20 芯片存储器操作指令表

Write Scratchpad(向 RAM 中写数据)[4EH]　　这是向 RAM 中写入数据的指令,随后写入两个字节的数据将会被存到地址 2(报警 RAM 的 TH)和地址 3(报警 RAM 的 TL)。写入过程中可以用复位信号中止写入。

Read Scratchpad(从 RAM 中读数据)[BEH]　　此指令将从 RAM 中读数据,读地址从地址 0 开始,一直到地址 9,完成整个 RAM 数据的读出。芯片允许在读过程中用复位信号终止读取,及可以不读后面不需要的字节以减少读取时间。

Copy Scratchpad(将 RAM 数据复制到 EEPROM 中)[48H]　　此指令将 RAM 中的数据存入 EEPROM 中,以使数据掉电不丢失。此后由于芯片忙于 EEPROM 存储处理,当控制器发一个读时间隙时,总线上输出"0";当存储工作完成时,总线将输出"1"。在寄生工作方式时必需在发出此指令后立刻用上拉并至少保持 10 ms,来维持芯片工作。

Convert T(温度转换)[44H]　　收到此指令后芯片将进行一次温度转换,将转换温度值放入 RAM 的第 1、2 地址。此后由于芯片忙于温度转换处理,当处理器发一个读数据时间隙时,总线上输出"0";当存储工作完成时,总线将输出"1"。在寄生工作方式时必须在发出次指令后立即用上拉并至少保持 500 ms 来维持芯片工作。

Recall EEPROM(将 EEPROM 中的报警值复制到 RAM)[B8H]　此指令将 EEPROM 中的报警值复制到 RAM 中的第 3、4 个字节里。由于芯片忙于复制处理,当控制器发生一个读时间隙时,总线上输出"0";当储存工作完成时,总线将输出"1"。另外,此指令将在芯片上电复位时将自动执行。这样 RAM 中的两个报警字节位将始终为 EEPROM 中数据的镜像。

Read Power Supply(工作方式切换)[B4H]　此指令发出后发出读时间隙,芯片会返回它的电源状态字,"0"为寄生电源状态,"1"为外部电源状态。

5. DS18B20 与单片机的接口电路

DS18B20 具有独特的单线接口方式,在与微处理器连接时仅需要一条口线即可实现微处理器与 DS18B20 的双向通信。图 6-62 将单片机 P15 口与 DS18B20 的 2 号引脚(数据输入输出引脚)相连。

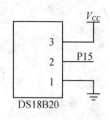

图 6-62　DS18B20 与单片机的接口电路

6. DS18B20 测温程序

```
#include<reg52.h>
#define uchar unsigned char
sbit DQ = P1^4;                //18B20 数据线引脚
sbit addr0 = P1^4;             //系统片选地址线
sbit addr1 = P1^5;             //系统片选地址线
sbit addr2 = P1^6;             //系统片选地址线
sbit addr3 = P1^7;             //系统片选地址线
                               //行扫描数组
uchar code scan[8] = {0xfe,0xfd,0xfb,0xf7,0xef,0xdf,0xbf,0x7f};//row0~row7
//数码管显示的段码表
uchar code table[18] = {0xc0,0xf9,0xa4,0xb0,0x99,0x92,//0,1,2,3,4,5
                        0x82,0xf8,0x80,0x90,0x88,0x83,//6,7,8,9,a,b
                        0xc6,0xa1,0x86,0x8e,0xbf,0xff};//c,d,e,f,-,空格
uchar dispbuf[8];              //显示缓冲区
uchar temper[2];               //存放温度的数组
/*************************延时函数************************/
void delay (unsigned int us)
{
   while(us--);
}
void reset(void)               //复位
{
```

```c
    uchar x = 0;
    DQ = 1;
    delay(8);                          //稍做延时
    DQ = 0;
    delay(80);                         //精确延时大于 480 μs
DQ = 1;                                //拉高总线
    delay(14);
    x = DQ;
    delay(20);
}
/********************从 DS18B20 读一字节***************/
uchar readbyte(void)                   //读字节
{
    uchar i = 0;
    uchar dat = 0;
    for (i = 8;i>0;i--)
    {
       DQ = 0;
       dat>>= 1;
       DQ = 1;
       if(DQ)
       dat| = 0x80;
       delay(4);
    }
    return(dat);
}
/*********************向 DS18B20 写一字节**********************/
void writebyte(unsigned char dat)      //写字节
{
    uchar i = 0;
    for (i=8; i>0; i--)
{
    DQ = 0;
    DQ = dat&0x01;
    delay(5);
    DQ = 1;
    dat>>= 1;
   }
    delay(4);
```

}
/********************CPU 读取温度值**************************/
```c
void readtemp(void)                    //读取温度
{
  uchar a = 0,b = 0;
  reset();
writebyte(0xCC);                       //跳过序列号
  writebyte(0x44);                     //启动温度转换
  reset();
  writebyte(0xCC);
  writebyte(0xBE);                     //读个寄存器,前两个为温度
  a = readbyte();                      //低位
  b = readbyte();                      //高位
  temper[0] = a&0x0f;
  a = a>>4;                            //低位右移位,舍弃小数部分
  temper[1] = b<<4;                    //高位左移位,舍弃符号位
  temper[1] = temper[1]|a;
  }
```

/*****************************显示+读键*************************/

```c
void vLedKey_Scan()
{  unsigned char i,value;

    for(i = 0;i<8;i ++ ){
        addr3 = 0;
        addr0 = 0;
        addr1 = 1;
        addr2 = 0;                     //开发板上 U4(HC574)的片选地址
        value = table[dispbuf[i]];     //取一行显示数据
        if(i == 3)
        value & = 0x7f;
        P0 = value;
        addr3 = 1;
        addr3 = 0;                     //在 U4 的脚(锁存信号)产生上升沿
        P2 = scan[i];                  //取 row0~row7 行扫描数据
delay(50);                             //延时 us
        P2 = 0xff;                     //关显示
        }
```

```
                          }
/************************** 主函数 **********************/
main()
{ uchar i;
  uchar temp;
  float backbit;
  for(i=0;i<8;i++)
    dispbuf[i] = 17;
  while(1){
  vLedKey_Scan();                //显示,读键扫描
    readtemp();                  //读 B20
    backbit = temper[0];         //换成浮点数
    backbit = backbit * 6.25;    //乘以.0625 * 100
    temp = backbit;              //取低位整数部分
    dispbuf[5] = temp%10 ;
    temp = temp/10;
    dispbuf[4] = temp%10 ;
    temp = temper[1];            //取整数部分
    dispbuf[3] = temp%10 ;
    temp = temp/10;
    dispbuf[2] = temp%10;
  }
}
/************************** 结束 **********************/
```

6.8.2 时钟芯片 DS1302

本小节首先介绍了 DS1302 的主要特性以及寄存器的内容,然后给出了与单片机的硬件接口电路,并给出了参考例程。

1. DS1302 简介

DS1302 是美国 DALLAS 公司推出的一种高性能、低功耗、带 RAM 的实时时钟电路,可以对年、月、日、周日、时、分、秒进行计时,具有闰年补偿功能,工作电压为 2.5～5.5 V。采用三线接口与 CPU 进行同步通信,并可采用突发方式一次传送多个字节的时钟信号或 RAM 数据。DS1302 内部有一个 31×8 的用于临时性存放数据的 RAM 寄存器。DS1302 是 DS1202 的升级产品,与 DS1202 兼容,但增加了主电源/后背电源双电源引脚,同时提供了对后背电源进行涓细电流充电的能力。图 6-63 为 DS1302 引脚图。DS1302 引脚说明如表 6-8 所列。

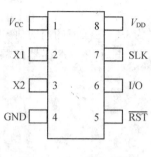

图 6-63 DS1302 引脚

表 6-8 DS1302 引脚功能表

引脚号	引脚名称	功能描述
1	V_{CC}	主电源
2、3	X1、X2	振荡源,外接 32.768 kHz 晶振
4	GND	接地
5	/RST	复位片选
6	I/O	串行数据输入输出(双响)
7	SCLK	串行时钟输入
8	V_{DD}	备用电源

2. DS1302 的寄存器

DS1302 内部共有 12 个寄存器,其中有 7 个寄存器与日历、时钟相关,存放的数据位为 BCD 码形式。此外,DS1302 还有年份寄存器、控制寄存器、充电寄存器、时钟突发寄存器及与 RAM 相关的寄存器等。时钟突发寄存器可一次性顺序读/写除充电寄存器以外的寄存器。日历、时间寄存器及控制字如表 6-9 所列。

DS1302 有关日历、时间的寄存器共有 12 个,其中有 7 个寄存器(读时 81h~8Dh,写时 80h~8Ch),存放的数据格式为 BCD 码形式。

表 6-9 DS1302 日历、时间寄存器

读寄存器	写寄存器	BIT7	BIT6	BIT5	BIT4	BIT3	BIT2	BIT1	BIT0	范 围
81h	80h	CH	10秒			秒				00~59
83h	82h		10分			分				00~59
85h	84h	12/24	0	10 AM/PM	时					1~12/0~23
87h	86h	0	0	10日		日				1~31
89h	88h	0	0	0	10月	月				1~12
8Bh	8Ah	0	0	0	0	0	周日			1~7
8Dh	8Ch	10年				年				00~99
8Fh	8Eh	WP	0	0	0	0	0	0	0	—

小时寄存器(85h,84h)的位 7 用于定义 DS1302 是运行于 12 小时模式还是 24 小时模式。当为高时,选择 12 小时模式。在 12 小时模式时,位 5 是 0,表示 AM;当为 1 时,表示 PM。在 24 小时模式时,位 5 是第二个 10 小时位。

秒寄存器(81h,80h)的位 7 定义为时钟暂停标志(CH)。当该位置 1 时,时钟振荡器停止,

DS1302处于低功耗状态;当该位置为0时,时钟开始运行。

控制寄存器(8Fh、8Eh)的位7是写保护位(WP),其他7位均置为0。在任何的对时钟和RAM的写操作之前,WP位必须为0。当WP位为1时,写保护位防止对任一寄存器的写操作。

3. DS1302与单片机的接口

图6-64为DS1302接口电路,具体说明如下:

V_{CC}:与+5V电压输入端相连作为DS1302工作时的供电电源。

晶振:X1和X2直接和32.768 kHz的晶振两端相连。

数字部分:P11、P12、RST1302分别和单片机的同名引脚相连,数据的输入和输出都通过P12这个脚来实现。RST由单片机的P14经74HC574锁存得到。

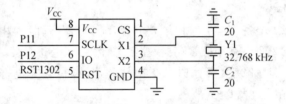

图6-64　DS1302电路图

需要注意的是DS1302的1脚悬空,没有接备用电源,所以每次系统断电后要重新设置DS1302,它才能正常工作。

4. 实时钟控制程序

```
/**************************延时函数*******************************/
void delay(unsigned int i)
{
unsigned int j;
for(j=0;j<i;j++);
}
/************************DS1302接口*******************************/
sbit T_CLK = P1^1;                  /*实时时钟时钟线引脚*/
sbit T_IO = P1^2;                   /*实时时钟数据线引脚*/
sbit lck = P3^5;
sbit ACC0 = ACC^0;
sbit ACC7 = ACC^7;
/********************往DS1302写入Byte数据*************************/
void v_RTInputByte(uchar ucDa)
{
```

```c
    uchar i;
    ACC = ucDa;
    for(i = 8; i>0; i--)
    {
      T_IO = ACC0;                           /* 相当于汇编中的 RRC */
      T_CLK = 1;
      T_CLK = 0;
      ACC = ACC >> 1;
    }
  }
/******************* 从 DS1302 读取 Byte 数据 ******************************/
  uchar uc_RTOutputByte(void)
  {
  uchar i;
  for(i = 8; i>0; i--)
  {
    ACC = ACC >>1;                           /* 相当于汇编中的 RRC */
    ACC7 = T_IO;
    T_CLK = 1;
    T_CLK = 0;
  }
  return(ACC);
  }
/******************** 往 DS1302 写入数据 ******************************/
  void v_W1302(uchar ucAddr, uchar ucDa)
  {
    lck = 0;
    P1 = 0x00;
    lck = 1;
  T_CLK = 0;
  lck = 0;
  P1 = 0x10;
  lck = 1;
  v_RTInputByte(ucAddr);                     /* 地址,命令 */
  v_RTInputByte(ucDa);                       /* 写 Byte 数据 */
  T_CLK = 1;
  lck = 0;
  P1 = 0x00;
  lck = 1;
```

```c
    }
/*********************** 读取 DS1302 某地址的数据 *************************/
    uchar uc_R1302(uchar ucAddr)
    {
        uchar ucDa;
        lck = 0;
        P1 = 0x00;
        lck = 1;
        T_CLK = 0;
        lck = 0;
        P1 = 0x10;
        lck = 1;
        v_RTInputByte(ucAddr);                  /*地址,命令*/
        ucDa = uc_RTOutputByte();               /*读 Byte 数据*/
        T_CLK = 1;
        lck = 0;
        P1 = 0x00;
        lck = 1;
        return(ucDa);
    }
/*************************** 设置初始时间 *******************************/
    void v_Set1302(uchar * pSecDa)
    {
        uchar i;
        uchar ucAddr = 0x80;
        v_W1302(0x8e,0x00);                     /*控制命令,WP=0,写操作？*/
        for(i = 7;i>0;i--)
        {
          v_W1302(ucAddr,* pSecDa);             /*秒分时日月星期年*/
          pSecDa ++ ;
          ucAddr + = 2;
        }
        v_W1302(0x8e,0x80);                     /*控制命令,WP=1,写保护？*/
    }
/************************ 读取 DS1302 当前时间 ***************************/
    void v_Get1302(uchar ucCurtime[])
    {
    uchar i;
    uchar ucAddr = 0x81;
```

```
    for(i = 0;i<7;i++)
    {
        ucCurtime[i] = uc_R1302(ucAddr);        /* 格式为:秒分时日月星期年 */
        ucAddr + = 2;
        delay(100);
    }
}
/******************************** 结束 ********************************/
```

第 7 章

LTPA245 热敏打印机驱动设计

热敏打印机是利用发热元件产生热量,使紧贴在其表面的热敏纸迅速变色,从而在纸上形成相应点阵字符或图形的一种打印机。相对于针式、笔式打印机,热敏打印机具有结构简单、体积小、重量轻、噪声小、功耗低、印字质量高、价格便宜、运行成本较低及使用可靠等一系列优点,已越来越广泛地应用于医疗仪器、银行柜员机及 POS 终端等各种便携式计算机系统和智能化设备中,被认为是最合适的便携式硬拷贝输出设备。本章以精工(SEIKO)SII 生产的一款高速热敏打印机 LTPA245 为例,介绍一种通用热敏打印机的驱动设计。

7.1 热敏打印机的工作原理

7.1.1 热敏打印机结构原理

热敏式打印机的关键部件是打印头。它包含很多微型发热元件,这些发热元件一般采用集成电路工艺和光刻技术,通过物理化学方法在陶瓷基片上加工制成。为防止发热元件与热敏纸接触时产生的磨损,表面涂了一层类似玻璃的保护膜。目前的工艺水平已将发热元件的密度做到 8 点/mm(分辨率达 200 dpi)、16 点/mm 甚至更高。在印字速度低于 100 cps 时,热敏头寿命可达 1 亿字符,或记录纸滑行 30 km 的可靠性。热敏打印机所用的打印纸不是普通纸,而是经特殊处理过的感热记录纸。这种记录纸是将两种混合成份材料涂复在纸上而成,基层纸上涂有一层几微米厚的白色感热生色层。(在这个感热生色层上涂有无色染料和特殊生色剂)。为使它们能有效地附在纸上,则可在它们周围的空隙里填充粘合剂。感热生色层一经加热,生色剂立即熔化并熔进无色染料中引起化学反应显出颜色,这一过程仅需几个毫秒即可完成。

由于感热记录纸是受热后材料熔融引起化学反应而呈现颜色,如温度过高,新的合成物质被分解,颜色又会消失。另外,这种物质在光的长时间作用下也会自动分解,所以感热记录纸不能长期保存。虽然热敏打印机对打印纸有特殊要求,但是这种记录纸价格并不贵,无需像针打那样经常更换色带。因此,越来越多的智能化仪器仪表采用热敏打印机作为输出设备。

7.1.2 热敏打印机设计中需要注意的问题

为实现高品质的打印,在设计热敏打印机电路和控制时序时必须注意3个问题:

(1) 常能量控制

常能量控制指打印头上每一个发热元件发出的热量要相同,且保持一个常量,否则打印出的字符颜色有深有浅,影响打印效果。发热元件每次发出的热量,除了与发热元件流过电流的大小和持续时间有关外,还与其本身的余热(如果前次已经通电发热)有关。它的余热直接影响下一次发热元件传给打印纸的热量,从而影响打印效果。因此,热敏打印机电路除了要检测环境温度外,还要记录每一个发热元件前一次状态,甚至前几次的通电发热的状态,以决定本次究竟要给出多大热量(可以通过控制通电时间来确定)。打印速度越快,这个问题就越重要。

(2) 大电流脉冲控制

由于打印时要同时激励的发热元件可能会很多,如一个分辨率为 8 点/mm,打印宽度为 72 mm 的打印头,一点行(即一个打印点的行)上要排列 8×72 = 576 个发热元件。尽管每个发热元件只要几十毫安的电流,但若同时激励这些发热元件,总电流就很可观了;而且这种脉冲式的电流谐波分量极其丰富,会给其他电路带来很大的干扰,甚至使打印电路失控,烧毁打印头发热元件。因此,发热元件通电驱动程序要仔细考虑,一般可将每点行分成几段,以几段为一组同时传送,使电流变化比较平稳。

(3) 处理时间与 CPU 速度协调

由于打印速度较快,尽管每点行只需要几十个字节的数据,但必须在数毫秒内完成这些数据的接收、处理、输出到打印头、常能量控制等一系列要求,故对 CPU 的速度有较高的要求。

7.2 热敏打印机 LTPA245

LTPA245 是精工公司生产的一款高速热敏打印机,采用全新的结构及打印技术,小巧轻便。分离式的压纸轴设计更便于上纸,加上低电压驱动,可实现两节锂电池供电,广泛应用于测量分析仪、POS机、通信设备或数据终端及各种便携式设备上,已成为目前热敏打印机业界的最畅销机型,其外形结构如图 7-1 所示。性能特点为:

➢ 分离式压纸轴设计便于上纸;
➢ 小巧轻便可应用于手持设备;
➢ 优质耐用(打印头可连续打印超过 50 km);
➢ 准确快速(90 mm/s);
➢ 配有纸源感应器,自动检测上纸情况;
➢ 结构合理,便于维护保养。

图 7-1 LTPA245 的外形

第7章 LTPA245 热敏打印机驱动设计

LTPA245 的技术参数如表7-1所列。

表7-1 LTPA245 的技术参数

型 号		LTPA245
打印头类型打印		热敏行式
分辨率/(dots/line)		384
点密度/(dots/mm)(W×H)		8×16
打印速度(mm/s)		53.4(驱动电压 5 V)
		77(驱动电压 7.2 V)
		90(驱动电压 8.5 V)
送纸间距		0.0625mm
打印宽度/纸宽/mm		48/58
打印头寿命	脉冲个数(pulses)	10^8
	打印纸长/km	50
操作电压/V	逻辑电路	2.7~5.25
	打印头	4.5~8.5
尺寸/mm(W×D×H)		69.2×28.3×31.7
重量/g		约41

LTPA245 通过一个 1 mm 间距的 27 针 FPC 连接器(见图 7-1)与驱动器进行连接,连接器各引脚的定义和功能如表 7-2 所列。

表7-2 FPC 连接器各针脚定义

引脚序号	引脚名称	信号方向	功能描述
1	PS	输出	纸检测器输出,高电平表示缺纸
2	VPS	输入	纸检测器发光器信号输入
3	GND	—	纸检测器的地
4	V_p	—	热敏打印头驱动电压
5	V_p	—	热敏打印头驱动电压
6	DAT	输入	同步串行输入
7	DST6	输入	发热元件激活信号
8	DST5	输入	发热元件激活信号
9	DST4	输入	发热元件激活信号

续表 7-2

引脚序号	引脚名称	信号方向	功能描述
10	GND	—	电源地
11	GND	—	电源地
12	GND	—	电源地
13	GND	—	电源地
14	TH	输出	热敏电阻
15	DST3	输入	发热元件激活信号
16	DST2	输入	发热元件激活信号
17	DST1	输入	发热元件激活信号
18	V_{dd}	—	逻辑电源
19	CLK	输入	打印数据传输的同步时钟
20	$\overline{LATCH}$	输入	打印数据锁存。低电平时数据从输入寄存器送打印锁存器,上升沿锁存
21	DATO	输出	打印数据输出(串行输出)
22	V_p	—	热敏打印头驱动电压
23	V_p	—	热敏打印头驱动电压
24	$\overline{A}$	输入	步进电机控制信号
25	$\overline{B}$	输入	步进电机控制信号
26	A	输入	步进电机控制信号
27	B	输入	步进电机控制信号

LTPA245 采用同步串行通信接口,数据以串行移位的方式从驱动器移入打印机内部的数据锁存器,其工作时序如图 7-2 所示。其中,DAT 为串行移位数据,CLK 为移位时钟,$\overline{LATCH}$ 为数据锁存信号,DST 为分段加热控制信号。打印数据以 384 bit(12 words)为一行,在 CLK 作用下,数据从 DAT 端逐一移入打印机内数据寄存器中。每一个数据位对应 1 个加热元件,当该位数据为 0 时,表示不加热;为 1 时,表示加热。热敏纸被加热的位置变黑,不加热的位置不变色(白)。当 384 个 bit 全部移入打印机后,驱动器应输出 1 个 $\overline{LATCH}$ 锁存信号(负脉冲),将数据送到打印寄存器。实际打印时,为防止电流过大、打印头温度过高,驱动器应控制 DST0~DST5 的输出信号,将一行数据分段(本系统分 3 段)打印。一行打印结束后,驱动器从 A、$\overline{A}$、B、$\overline{B}$ 端送出脉冲,控制步进电机带动热敏纸前移一段距离,继续打印下一行。

LTPA245 内部带有一个微型、大力矩的精密 2 相 4 线步进电机。电机有 A、B 两组线圈、4 个控制端,分别定义为 A、$\overline{A}$、B、$\overline{B}$。当驱动器按表 7-3 所列的脉冲序列从控制端给步进电机输入脉冲时,可控制电机匀速转动。

第 7 章 LTPA245 热敏打印机驱动设计

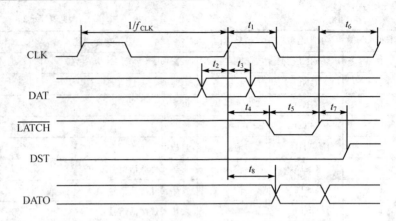

图 7-2 LTPA245 的打印时序

表 7-3 步进电机驱动时序

控制端	停 止	Step1	Step2	Step3	Step4
A	0	0	0	1	1
B	0	0	1	1	0
$\overline{A}$	0	1	1	0	0
$\overline{B}$	0	1	0	0	1

7.3 步进电机的驱动

　　LTPA245 内部不带步进电机驱动芯片,须外接驱动电路。本节设计的驱动系统选用 FAN8200D 驱动热敏打印机内部的步进电机。FAN8200/FAN8200D 是美国快捷半导体公司设计生产的低工作电压、低饱和压降单片式步进电机驱动器集成电路,可用于两相步进电机的驱动。它带有双路 H 桥,可分别驱动两个独立的 PNP 功率管。每一个桥都有各自独立的使能引脚,非常适合于需要独立控制的步进电机驱动系统。

　　FAN8200/FAN8200D 的主要特点有:
- 具有 3.3 V 和 5 V 微处理器(MPU)接口;
- 内含可驱动双极步进电机的双向 H 桥路;
- 内含垂直 PNP 功率晶体管;
- 可适应宽达 2.5～7.0 V 的电源电压范围;
- 具有很低的饱和压降(可低达 0.4 V/0.4 A);
- 每一路 H 桥均具有独立的使能引脚,并可单独进行使能控制;

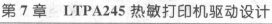

- 具有过流保护功能；
- 具有过热关断(TSD)功能。

FAN8200/FAN8200D 的上述特性使其可广泛应用于通用低压步进电机驱动系统、磁盘驱动器、PC 照相机和数码相机的步进电机驱动、安全移动控制器、热敏式打印机、运动控制器以及需要两通道直流电机驱动的控制系统，同时还可用于微处理器接口的通用功率驱动器的电机驱动系统。

1. FAN8200/FAN8200D 的引脚功能

FAN8200 采用 14 脚 DIP-300 封装，而 FAN8200D 则采用 14 脚 SOP-225 封装。它们的工作温度都是 $-20 \sim +70$℃，其引脚排列如图 7-3 所示，各引脚的功能见表 7-4。

表 7-4 FAN8200 的引脚功能

引脚序号	引脚名称	信号方向	功能描述
1	V_{CC}	—	逻辑电源电压输入
2	CE1	输入	通道 1 器件触发使能，高电平有效
3	OUT1	输出	通道 1 步进脉冲输出
4	V_{S1}	输入	通道 1 电源输入
5	OUT2	输出	通道 1 步进脉冲输出
6	IN1	输入	通道 1 步进脉冲输入
7	SGND	—	信号地
8	PGND	—	功率地
9	IN2	输入	通道 2 步进脉冲输入
10	OUT4	输出	通道 2 步进脉冲输出
11	V_{S2}	输入	通道 2 电源输入
12	OUT3	输出	通道 2 步进脉冲输出
13	CE2	输入	通道 2 器件触发使能，高电平有效
14	PGND	—	功率地

图 7-3 FAN8200D 的引脚

2. FAN8200/FAN8200D 的工作原理

FAN8200/FAN8200D 的内部由两路完全相同的控制电路组成。外部脉冲信号从 IN1（或 IN2）输入，经片内前级缓冲放大后送入片内控制器，此信号在 CE1（或 CE2）使能的情况下，由控制部分进行处理并驱动晶体管，最后从 OUT1（或 OUT3）脚输出反相的脉冲信号，从 OUT2（或 OUT4）脚输出同相的脉冲信号，与步进电机的线圈形成回路后控制电机的运行。

器件触发使能端口（CE）的作用是分别对两个通道的输出进行控制，当 CE 端的输入控制信号为低电平时，无论有无输入控制信号，输出端 OUT 始终呈现高阻抗状态。因此，要使

第7章 LTPA245 热敏打印机驱动设计

FAN8200/FAN8200D 控制器的输出端在输入信号的控制下正常工作,器件的触发使能端必须为高电平。FAN8200/FAN8200D 中 CE、IN 和输出端 OUT 之间的逻辑控制关系如表 7-5 所列,表中的 L 表示低电平,H 表示高电平,×表示无关,Z 表示处于高阻态。

表 7-5 FAN8200/FAN8200D 的逻辑控制关系

CE1(或 CE2)	IN1(或 IN2)	OUT1(或 OUT3)	OUT2(或 OUT4)
L	×	Z	Z
H	L	H	L
H	H	L	H

FAN8200/FAN8200D 内部的热关断和偏置电路可用来对整个电路提供过热和过流保护,当负载过大或其他故障导致电路电流增大,从而使器件温度升高到片内温度传感器的设定门限以上时,FAN8200/FAN8200D 中的热关断和偏置电路将向片内控制器发出关断控制信号以关断整个电路。

7.4 单片机资源分配

本章设计的热敏打印机驱动系统选用 STC89C58(PLCC 封装)作为控制中心,负责接收上位机通过标准并行通信口传送过来的点阵或字符数据(对程序稍做改动也可接收串口数据),经单片机处理后,控制打印机加热板的加热及步进电机的走纸,从而在热敏纸上打印出上位机需要输出的字符或图形。

单片机 I/O 口资源的分配如表 7-6 所列。

表 7-6 单片机 I/O 口的资源分配(PLCC 封闭)

引脚序号	引脚名称	信号方向	功能描述
2	P1.0	输出	步进电机 A 相驱动脉冲输出(FAN8200 的 IN1)
3	P1.1	输出	步进电机 B 相驱动脉冲输出(FAN8200 的 IN2)
4	P1.2	输出	FAN8200D 触发使能(CE1、CE2),高电平使能
5	P1.3	输出	74HC32"或门"1 开启控制。当 P1.3=0(反相后为 1)时,关闭"或门",锁存器 74HC374 输出为高阻态,禁止读并口数据;当 P1.3=1 时,开启"或门",系统在 P3.7($\overline{RD}$)和并口 $\overline{STB}$ 的控制下,读标准并口数据
6	P1.4	输出	热敏打印机数据锁存控制,上升沿锁存热敏打印机的打印数据

第 7 章 LTPA245 热敏打印机驱动设计

续表 7-6

引脚序号	引脚名称	信号方向	功能描述
7	P1.5	输出	接收串口打印数据时,接标准串口的 DSR。当接收缓冲器满时,此脚输出高电平,通知串口暂停发送
8	P1.6	输出	与并口通信的握手应答信号,负脉冲表示系统可以接收新的打印数据
9	P1.7	输出	接收缓冲器满。P1.7=1 时,经 74HC32"或门"2 向并口发系统忙信号,表示接收缓冲器满;P1.7=0 时,开启 74HC32 或门 2,表示系统可以接收并口数据
11	P3.0(RxD)	输出/输入	接收并口打印数据时,作为移位寄存器方式的数据输出,向热敏打印机输出打印数据;接收串口打印数据时,作为异步串行通信的数据接收端
13	P3.1(TxD)	输出	接收并口打印数据时,作为移位寄存器方式的同步时钟输出,控制热敏打印机的数据读取;接收串口打印数据时,作为异步串行通信的数据接收端
14	P3.2($\overline{INT0}$)	输入	外中断 0。标准并口发数据选通信号($\overline{STB}$)时,由 74HC74 的 $\overline{1Q}$ 产生中断请求,读取标准并口输出的数据,下降沿产生中断
15	P3.3($\overline{INT1}$)	输入	按键输入。打印机自检控制,低电平有效
16	P3.4(T0)	输入	打印机缺纸检测。低电平有效,打印机缺纸
17、18	P3.5、P3.6	—	未用
19	P3.7($\overline{RD}$)	输出	读标准并口数据控制。当 P3.7=0 且 P1.3=1(反相后为 0)时,使能锁存器 74HC374 并对 74HC74 置 0,读标准并口数据
24	P2.0	输出	热敏打印机发热元件加热信号
25	P2.1	输出	热敏打印机发热元件加热信号
26	P2.2	输出	热敏打印机发热元件加热信号
27~31	P2.3~P2.7	—	未用
36~43	P0	输入	并口数据输入

7.5 系统硬件设计

本章介绍的通用热敏打印机驱动系统由复位及时钟电路、并行通信模块、打印控制及串行通信模块 3 大模块构成。可接收标准并行通信口发送过来的打印数据,经分析和处理后送到 LPTA245 热敏打印机打印;对程序稍加修改后,也可以接收串行通信口发送过来的打印数据,处理后送到热敏打印机打印。

1. 系统复位电路

本系统的复位有两种情况:一是系统上电复位;二是标准并口发出的复位信号对系统复位。系统复位及时钟电路如图 7-4 所示。

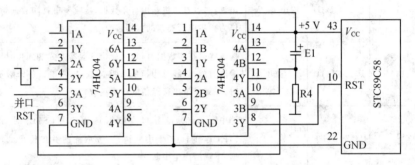

图 7-4 系统复位电路

本系统的上电复位电路与一般单片机的上电复位电路一样,由于标准并口的 RST 输出端正常情况输出高电平,经反相器(74HC04)反相后输出低电平,打开"或门",所以上电复位的过程与普通单片机系统的上电复位过程一样。

系统上电复位后,正常工作时,由于上电复位电路输出的是低电平,打开了 74HC32 的"或门"3。此时,如果并口输出一个负脉冲(如图 7-4 所示),则经过反相后变为正脉冲。由于"或门"3 已经打开,则在"或门"3 的输出端将输出一个正脉冲;如果此脉冲的宽度大于两个机器周期,将对单片机进行复位。

2. 并行通信模块

并行通信模块由单片机、六反相器(U6,74HC04)、"或门"(U5,74HC32)、D 触发器(U3, 74HC74)、锁存器(U2,74HC374)及标准并口等组成。负责与标准并口通信、接收并口输出的打印数据、输出缺纸信号等,其电路组成如图 7-5 所示。

(1) D 触发器的复位与锁存器的使能

系统初始化时,置单片机 P1.3 为高电平,经 74HC04 的反相器 2 反相后,输出低电平。打开 74HC32 的"或门"1,允许在 P3.7 控制下,对 D 触发器 74HC74 进行复位、对锁存器

第7章 LTPA245 热敏打印机驱动设计

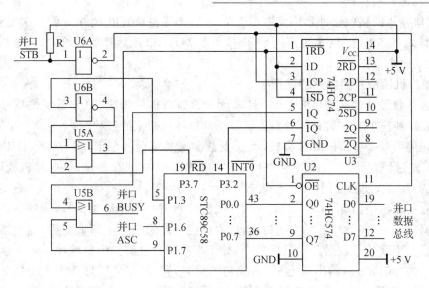

图 7-5 并行通信模块

74HC374 使能操作。当 P3.7=1(常规状态)时,D 触发器正常工作(在 CP 脉冲的控制下将输入送到输出),禁止锁存器的使能,使锁存器输出高阻状态,数据不能传送到单片机 P0 口;当 P3.7=0(单片机有读数操作)时,对 D 触发器复位($1Q=0,\overline{1Q}=1$),同时对锁存器使能,使锁存器的数据能输出到单片机的 P0 口。

(2) 触发器状态的翻转与锁存器的锁存

并口没发送数据时,标准并口的数据选通输出端 $\overline{STB}$ 输出高电平。经 74HC04 的反相器 1 反相后,输出低电平。此低电平分为两路:一路送 D 触发器 U3(74HC74)的时钟输入端 CP,禁止 D 触发器的状态改变;另一路送锁存器 U2(74HC374)的锁存控制端 CLK,禁止锁存器的数据锁存。

当并口发送一个数据后,从数据选通输出端 $\overline{STB}$ 输出一个负脉冲,其下降沿经反相后变为上升沿。此上升沿也分两路:一路接 D 触发器的时钟输入端 CP,使触发器的状态翻转。由于触发器的输入端接电源(高电平),则触发器将输出"1"状态($1Q=1,\overline{1Q}=0$);另一送锁存器的锁存控制端 CLK,将并口发送过来的数据锁存在锁存器内。

触发器输出的"1"信号有两个作用:一是 $1Q=1$,此高电平经 74HC32 的或门 2 向标准并口发系统忙信息,通知并口现在系统正在读取本次传送的数据,暂不发下一个数据;二是 $\overline{1Q}=0$,其下降沿向单片机发中断请求($\overline{INT0}$),请求单片机读取本次数据。单片机收到此中断请求后,将会在外中断 0 中断服务子程序中读取本次并口传送过来的数据。

(3) 系统忙信号 BUSY

系统忙信号由 74HC32 的"或门"2 送出。此信号的产生分两种情况:一是当单片机内部的接收缓冲器满时,从 P1.7 输出一个高电平,经 74HC32 或运算后送给并口,通知并口系统

第7章 LTPA245 热敏打印机驱动设计

忙;二是在单片机的接收缓冲器不满时(P1.7=0),如果系统正在读并口前一次发送的数据,则由触发器 74HC74 的 1Q 输出高电平,此信号经 74HC32 或运算后送给并口,通知并口系统忙,暂不发下一个数据。

(4) 单片机读取并口数据的过程

单片机接收缓冲器未满(P1.7=0)且未读取并口数据的情况下(无系统忙信号),单片机允许并口发送相应的打印数据。并口发送及单片机接收数据的过程为:

并口先输出一个字节的并行数据,然后发数据选通端信号$\overline{STB}$。$\overline{STB}$经 74HC04 反相后分两路:一路送锁存器的 CLK 端将并口输出的数据锁存在锁存器,以供单片机读取;另一路送触发器的 CP 端,使触发器输出"1"状态(1Q=1,$\overline{1Q}$=0)。

触发器的输出中,1Q=1 经 74HC32 的"或门"2 向并口送系统忙信号,通知并口暂不发送下一个数据;$\overline{1Q}$=0 向单片机发中断请求,单片机接收并响应该中断请求后,在中断服务子程序里先执行一个读外部数据存储器的指令,使 P3.7($\overline{RD}$)输出一个负脉冲。此负脉的低电平经 74HC32 的"或门"2 后输出低电平(系统初始化时,置 P1.3=1,打开了 74HC32 的"或门"2),此低电平分两路:一路送锁存器 74HC374 的使能端($\overline{OE}$),使能锁存器,将前面锁存的数据传送给单片机 P0 口,完成一次数据的读取。另一路送 D 触发器的复位端($\overline{1RD}$),使触发器输出"0"状态,触发器"0"状态的 1Q=0 清除系统忙信号,通知并口可以发送下一下数据;$\overline{1Q}$=1 使单片机外中断 0 输入高电平,准备产生下一次中断。

单片机读完一个数据后,P3.7($\overline{RD}$)变为高电平,此高电平经 74HC32 的"或门"1 后分两路:一路禁止锁存器 74HC374 使能,使锁存器输出高阻,与单片机 P0 口隔绝;另一路开放触发器 74HC74,使触发器能正常翻转,为下一次读数据作准备。

3. 打印控制及串行通信模块

打印控制及串行通信模块由单片机、步进电机驱动芯片(FAN8200D)、热敏打印机接口、UART 接口及打印机自检信号输入等电路组成。完成步进电机的驱动、打印数据及加热信号的输出、串行打印数据的接收及打印机自检的控制等工作。打印控制及串行通信电路如图 7-6 所示。

(1) 打印的控制过程

单片机通过自带串口向热敏打印机发送待打印的数据,串口工作于方式 0、移位寄存器方式。当单片机接收到标准并口发送过来的打印数据,且经内部程序处理后,送至输出缓冲器。在单片机输出缓冲器有数据且打印机不缺纸的情况下,通过 P3.0 口(RXD)向热敏打印机接口的 DAT 端按位输出打印数据,同时由 P3.1 口(TXD)输出同步移位脉冲。

当一行打印数据(384 个位)全部输出完后,由 P2.0、P2.1、P2.2 口输出加热信号(加热时间的长短由延时电容的充放电时间常数确定),然后运行一段延时程序(确保热敏纸变色)完成一行的打印。一行打印完后,从 P1.0、P1.1、P1.2 输出 FAN8200D 选通信号及步进电机走纸命令,使热敏打印纸移动一行,准备下一行的打印。

第 7 章 LTPA245 热敏打印机驱动设计

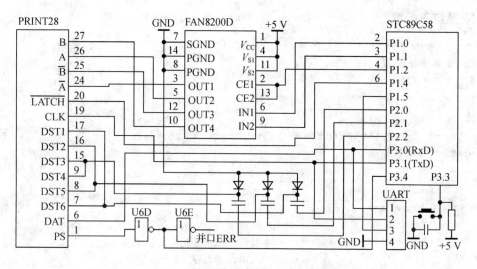

图 7-6 打印控制及串行通信模块

(2) 打印机的自检

系统还设计有打印自检的功能。当需要检查打印机是否能正常工作时,可按下按键,给单片机 P3.3 口输入一个低电平。当系统检测到 P3.3 口有低电平输入时,执行自检程序,打印预先设定好的自检图形和字符。

(3) 串行通信

本系统的硬件电路还设计有串行通信接口,在上位机没有标准并口的情况下,可以接收上位机串口发送过来的打印数据(程序需做适当修改)。使用串口接收上位机数据时,单片机工作于串行通信方式 1、UART 模式,通过 P1.5 口输出数据装置准备好(DSR)信号,通知上位机可以发送下一个数据。

7.6 系统软件

通用热敏打印机驱动系统的软件由主程序(MAIN.C)、外中断程序(EXT.C)、串行通信程序(SERIAL.C)、打印数据输出程序(LTP.ASM)、定时器中断程序(TIME.C)、打印数据处理程序(CONST.C)及自定义的库函数集组成。其中,打印数据通过单片机自带的串口输出,采用方式 0(同步移位寄存器方式),程序用汇编语言编写。串行通信程序主要用于本系统接收上位机从串口发送过来的打印数据,完成串口的初化、接收串口数据等工作。由于系统程序较大,限于篇幅的原因,本书只给出系统主函数、打印数据输出程序、打印机初始化程序、外中断及定时器中断程序等。需要完整程序的读者,可到出版社网站下载,也可来函向作者索取。

第7章 LTPA245 热敏打印机驱动设计

(1) 系统主函数

```
/*===*===*===*===*===*===*===*===*===*===*===*
功能：主程序处理
参数：
返回：无
描述：
*===*===*===*===*===*===*===*===*===*===*===*/
void main( void )
{
    WDT();
    PARA_HAND_BUSY();
    DelayTime( 100 );
    Ltp_Init();                //打印机初始化
    Ser_Init();                //串口初始化
    Time_Init();               //定时器初始化
    Ext_Init();                //外中断初始化
    VaryInit();                //变量初始化
    PARA_HAND_FREE();
    EI();
    printf("system power on!!! \r\n");
    while( 1 )
    {
        WDT();
        RxDecode();            //处理接收的数据
        Ltp_CheckPaper();      //检查打印机是否缺纸
        if(bRecordEnd && GetKey())    //有按键，则打印机自检
        {
            Do_Self();         //打印机自检
        }
    }
}
```

(2) 打印数据输出程序(汇编语言程序，同步移位寄存器方式)

```
NAME LTP
_SendData   SEGMENT CODE
PUBLIC      _SendData
;/* void SendData( byte * ptr, byte len ) using 2 */
RSEG    _SendData
_SendData:
```

```
        USING    2
        PUSH     PSW
        MOV      PSW,#010H
        ;/*DPTR = ptr*/
        MOV      DPH,R2
        MOV      DPL,R1
        ;R5 = len
AGAIN1:
        ;/*SBUF = *DPTR*/
        MOVX     A,@DPTR
        MOV      SBUF,A
        ;/**DTPR++ = 0*/
        CLR      A
        MOVX     @DPTR,A
        INC      DPTR
        ;/*while(!TI);*/
        JNB      TI,$
        ;/*TI = 0*/
        CLR      TI
        ;/*while(R3 < 0x30)*/
        DJNZ     R5,AGAIN1
exit:
        POP      PSW
        RET
;===== end of asm =========
        END
```

(3) 外中断服务程序

1) 外中断初始化

```
/*===*===*===*===*===*===*===*===*===*===*===*
功能：外部中断初始化处理
参数：无
返回：无
描述：
* low interrupt prio


* edge triggle
* enable interrupt
*===*===*===*===*===*===*===*===*===*===*===*/
```

第7章 LTPA245 热敏打印机驱动设计

```c
void Ext_Init( void )
{
    byte tmp;
    tmp = XBYTE[0x0fff];                // mask 74HC374 normal word status
    tmp = XBYTE[0x0fff];
    /* exteral interrupt 0 initial */
    EXT_EDGE_INT_MODE( 0 );
    EXT_CLR_INT_FLAG( 0 );
    EXT_LOW_PRIO_INT( 0 );
    EXT_INT_EN( 0 );
    PARA_READ1_HIGH();
}
```

2) 外中断服务程序

```
/*==================================================
功能：外部中断程序
参数：无
返回：无
描述：
* 仅仅从并口接收数据,由上层程序处理协议
* 下降沿触发中断
* ==================================================*/
void Ext0_Int( void ) interrupt 0 using   1
{
    word addr;
    #if 1
        RxTimeCnt  = 0;                 //rx time and flag reset
    #endif
    bRxTimeOut = FALSE;
    PARA_HAND_BUSY();                   //manual busy
    RxBufNum++;                         //rx data num acc
    BYTE(addr)[0] = P2;                 //reserve P2 value
    BYTE(addr)[1] = 0xFF;
    RxBuf[RxIn++] = XBYTE[addr];
    if(RxIn >= RX_BUF_LEN)              //adjust in pointer to begin
    {
        RxIn = 0;
    }
    if((RX_BUF_LEN - RxBufNum) < RX_FULL_LIMIT)/check buf free or full
```

```c
{
    PARA_HAND_BUSY();               //buffer is full
    bComBusy = TRUE;                //set busy flag
    EXT_INT_DI( 0 );                //disable interrupt
    DEBUG_LED_ON();
}
else
{
    PARA_HAND_FREE();               //buffer is not full, clr manual busy
    PARA_ASK_CLK();                 //request new data
    bComBusy = FALSE;               //clr busy flag
}
}
```

(4) 定时器中断服务程序

1) 定时器初始化程序

```c
/*================================================*
功能:定时器初始化处理
参数:
返回:
描述:
*================================================*/
void Time_Init( void )
{
    /* time0 initial */
    TIME_STOP( 0 );                         //time stop
    TIME_CLR_INT_FLAG( 0 );                 //clr int flag
    T0_WORK_MODE(T0_MODE_1, T0_TIME, T0_GATE_DI );
                                            //mode_1, time mode,no gate
    TIME_DELAY_TIME( 0, MOTOR_STEP_TIME_00 );
    TIME_HIGH_PRIO_INT( 0 );                //high prio
    TIME_INT_EN( 0 );                       //int enable
    TIME_RUN( 0 );                          //run
    /* time2 initial */
    TIME_STOP( 2 );                         //time2 stop
    TIME_CLR_INT_FLAG( 2 );                 //clr int flag
    T2_WORK_MODE( T2_TIME, T2_RELOAD,T2_EXT_TRI_DI );
                                //time,reload, no external trig */
    T2_RELOAD_DELAY( TIME2_INT_TIME );
```

第7章 LTPA245热敏打印机驱动设计

```
    TIME_INT_EN( 2 );                    //int enable
    TIME_LOW_PRIO_INT( 2 );              //low proi
    TIME_RUN( 2 );                       //run
}
```

2) 定时器0中断服务程序

```
/*===*===*===*===*===*===*===*===*===*===*===*
功能:定时器0中断处理程序
参数:
返回:
描述:
* 打印机走纸,打印,打印优先于走纸
* 打印 TEXT, GRAPH, CURVE
*===*===*===*===*===*===*===*===*===*===*===*/
void Time0_Int( void ) interrupt 1 using 2
{
    byte data tmp;
    word data time;
    switch( MotorStatus )
    {
        case MOTOR_LINE_FEED_S:              //line feed num step
            FeedNumber  = 0;
            MotorStatus = MOTOR_STOP_S;
         break;
        case MOTOR_PRINT_S:                  //print buffer data
            LTP_DST_HEAT_OFF();              //heat off all element
            /* change motor phase */
            PhaseIdx++;
            PhaseIdx %= MOTOR_PHASE_NUM;
            MOTOR_PHASE( MotorPhaseTbl[ PhaseIdx ]);
            /* dec total print line */
            TotalLine--;
            /* print head pointer change */
            if(BackPrnHead != PrnHead)
            {
                BackPrnHead = PrnHead;
                if(PrnBufPtr == NULL)
                {
                    /* get next line pointer and send num */
```

```c
            tmp = MOD( PrnRear, PRINT_BUF_NUM );
            /* get next line buffer pointer */
            PrnBufPtr   = PrnBuf[tmp];
            PreSendNum = PRINT_BUF_LEN / PrnRepeatCnt[PrnRear];
        }
    }
    if(PrnBufPtr != NULL)
    {
        SendData( PrnBufPtr, PreSendNum );
        PrnBufPtr += PreSendNum;
    }
    /* dec repeat print count */
    if( --PrnRepeatCnt[PrnRear] == 0)
    {
        PrnRear = MOD( PrnRear, PRINT_BUF_NUM );
        if(PrnHead == PrnRear)
            MotorStatus = MOTOR_STOP_S;
        else
        {
            LTP_STB_CLK();              //latch next line print data
            /* get next line pointer */
            tmp = MOD( PrnRear, PRINT_BUF_NUM );
            if(tmp != PrnHead)
            {
                /* get next line buffer pointer */
                PrnBufPtr   = PrnBuf[tmp];
                PreSendNum = PRINT_BUF_LEN / PrnRepeatCnt[PrnRear];
            }
            else
                PrnBufPtr = NULL;
        }
    }
/* acc or dec speed, if SpeedIdx == LineFeedNum, no change speed */
    if(SpeedIdx < TotalLine)
    {
        /* acc speed and const speed */
        SpeedIdx = (SpeedIdx >= MotorMaxSpeed) ? MotorMaxSpeed : (SpeedIdx + 1);
    }
    else if(SpeedIdx > TotalLine)
```

第7章 LTPA245 热敏打印机驱动设计

```c
            SpeedIdx -- ;
        LPT_DST_HEAT_ON();                  //heat on all element
        /* set interrupt time */
        TIME_STOP( 0 );
        BYTE(time)[0] = TH0;
        BYTE(time)[1] = TL0;
        time + = MotorSpeedTbl[SpeedIdx];
        TIME_SET_PARMS( 0, BYTE(time)[0], BYTE(time)[1] );
        TIME_RUN( 0 );
    break;
    case MOTOR_PAUSE_S:                     //motor pause status
        MOTOR_PAUSE_PHASE();
    case MOTOR_STOP_S:                      //motor stop status
        LTP_DST_HEAT_OFF();
        if((PrnHead != PrnRear) && (! bPaperStatus))
        {
            /* stop phase or restart stop phase */
            MOTOR_PHASE( MotorPhaseTbl[ PhaseIdx ] );
            MotorStatus = MOTOR_PRINT_S;
            SpeedIdx    = 0;
            /* send print data to ltp */
            SendData( PrnBuf[PrnRear], PRINT_BUF_LEN );
            /* latch data */
            LTP_STB_CLK();
            /* heat on all element */
            LPT_DST_HEAT_ON();
            /* get next line pointer and number */
            tmp = MOD( PrnRear, PRINT_BUF_NUM );
            if(tmp != PrnHead)
            {
                /* get next line buffer pointer */
                PrnBufPtr  = PrnBuf[tmp];
                PreSendNum = PRINT_BUF_LEN / PrnRepeatCnt[PrnRear];
            }
            else
                PrnBufPtr = NULL;
            /* save current PrnHead value */
            BackPrnHead = PrnHead;
        }
```

```
            else
            {
                /* enter MOTOR_PAUSE_S status */
                MotorStatus = MOTOR_PAUSE_S;
                SpeedIdx    = 0;
            }
            /* set interrupt time */
            TIME_STOP( 0 );
            BYTE(time)[0] = TH0;
            BYTE(time)[1] = TL0;
            time + = MotorSpeedTbl[SpeedIdx];
            TIME_SET_PARMS( 0, BYTE(time)[0], BYTE(time)[1] );
            TIME_RUN( 0 );
        break;
        default:
            MotorStatus = MOTOR_STOP_S;
        break;
    }
}
```

3) 定时器 2 中断服务程序

```
/*===*===*===*===*===*===*===*===*===*===*===*===*
功能:定时器 2 中断处理程序
参数:
返回:
描述:
* 一般定时器使用
*===*===*===*===*===*===*===*===*===*===*===*===*/
void Time2_Int( void ) interrupt 5 using 1
{
    TIME_CLR_INT_FLAG( 2 );                //clr interrupt flag
    GeneralCnt + + ;                        //inc count
    if(RxTimeCnt < RX_DATA_TIME_OUT)        //check rx time out
    {
        RxTimeCnt + + ;
        if(RxTimeCnt > = RX_DATA_TIME_OUT)
        {
            /* rx already time out and paper present */
            bRxTimeOut = TRUE;
```

        }
    }
}

(5) 打印机初始化及缺纸检测程序

1) 打印机初始化程序

```
/*==========================================
功能：打印机初始化处理
参数：
返回：
描述：
==========================================*/
void Ltp_Init( void )
{
    /* hardware init */
    LTP_STB_HIGH();
    LTP_DST_HEAT_OFF();                //close all dst segment
    /* init start phase and pause phase */
    MOTOR_PHASE( MotorPhaseTbl[ 0 ] );
    MOTOR_PAUSE_PHASE();
    /* vary init */
    MotorStatus    = MOTOR_STOP_S;
    SpeedIdx       = 0;
    PhaseIdx       = 0;
    MotorMaxSpeed  = 3;                //motor speed 25mm/s
}
```

2) 打印机缺纸检测程序

```
/*==========================================
功能：检测打印机的纸状态,缺纸/有纸
参数：
* TRUE:   缺纸
* FALSE:  有纸
返回：无
描述：
* 必须周期性的调用
==========================================*/
void Ltp_CheckPaper( void )
{
```

```c
byte i;
/* check paper present */
if(GET_PAPER_STATUS() != bPaperStatus)
{
    /* delay a little time */
    for(i = 0; i < 100; i++)
    {
        _nop_();
        _nop_();
        _nop_();
        _nop_();
    }
    if(GET_PAPER_STATUS() != bPaperStatus)
    {
        /* confirm change,level steady */
        bPaperStatus = GET_PAPER_STATUS();
    }
}
}
```

第 8 章

热球子宫内膜治疗仪控制系统

功能失调性子宫出血是一种常见的妇科疾病,对妇女的身心健康有很大的影响。

热球子宫内膜治疗仪利用热烫灼的原理,通过加热的介质(甘油)膨胀,使放入宫腔内的球囊与子宫内膜接触,在高温的作用下破坏子宫内膜里功能层和基底层的腺上皮及基底层下浅层的平滑肌组织,使其变性坏死,从而达到去除内膜、减少出血的目的。该方法不需要特殊的训练各宫腔镜手术的经验,是一种既安全又有效的选择。

本章介绍一种热球子宫内膜治疗仪控制系统。该系统以 STC89C58RD 单片机为核心,全部治疗过程在单片机的控制下自动完成,治疗过程的指令和数据可在 LCD 显示屏上显示。

8.1 系统硬件组成及工作原理

8.1.1 系统结构及工作原理

热球子宫内膜治疗仪由单片机、电源模块、信号放大及调理电路、A/D 转换模块、实时钟模块、系统复位及低电压检测电路、LCD 液晶显示部分及输出控制模块等组成。其系统结构如图 8-1 所示。

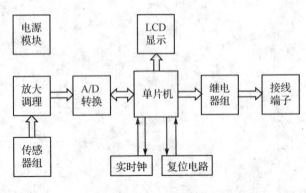

图 8-1 系统结构图

其中,电源模块用于给系统提供+5 V工作电压;传感器组包括3个温度传感器和1个压力传感器,用于检测球囊内液体的温度、液体加热腔的温度、系统工作环境的温度及气泵产生的压力等参数;放大及调理电路将传感器输出的微弱电信号进行放大、滤波、调理,并将处理后的信号送A/D转换电路;A/D转换器选用TLC1543,在单片机的控制下对4路传感器经放大、调理后的输出信号及3个仪表放大器的输入参考电压(球囊温度、加热腔温度、气泵压力)进行A/D转换,并将转换结果送单片机处理;实时钟电路为系统提供当前的日期和时间;复位电路为单片机提供上电复位、手动复位及低电压保护信号;LCD显示器用于显示治疗过程的指令和数据、当前的时间等相关数据,也可在调整仪表放大器参考电压时显示当前的电压值;输出控制模块由继电器组和接线端子组构成,用于输出气泵的运行、阀门组的开关、加热腔的加热等控制信号。当气泵运行时,通过阀门组的开、关组合可控制气流的方向以产生正、负气压,控制加热腔内已被加热的液体流进或流出球囊。

8.1.2 电源模块

电源模块由LM2576、MC78M05CT及相关外围元件构成。为了与仪器配套的球囊、加热腔供电电源统一,系统采用了+24 V直流电源供电。经两次电压变换后得到+5 V电压。电源模块的电路如图8-2所示。

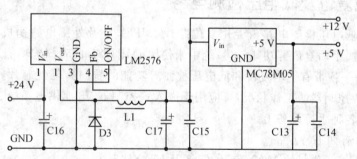

图8-2 电源模块

电路中,+24 V电压先经LM2576构成的降压电路转换成+12 V直流电压,再经稳压集成块MC78M05CT(MC78M05CT的输入电压不能超过+15 V)变换、稳压后,输出+5 V直流电压给系统供电。

LM2576是一种降压型开关电压调节器,具有较小的电压调整率和电流调整率,能够输出3.3 V、5 V、12 V、15 V的固定电压,也可连接成电压可调节的输出方式。LM2576系列产品内置频率补偿电路和固定频率振荡器,开关频率为52 kHz,应用时可使用尺寸较小的滤波电容。使用LM2576设计简单稳压电源能够充分减小散热片的面积,在负载较小时甚至可以不使用散热片。

LM2576的应用电路比较简单、外围元件较少,在某些场合可以高效地取代一般的三端线性稳压器。图8-2利用LM2576设计的DC-DC电源模块,仅使用了2个滤波电容(C16、C17)、1个储能电感(L1)和1个续流二极管(D3)。

LM2576的特点为:
- 具有3.3 V、5 V、12 V、15 V的固定电压输出和可调节电压输出。
- 可调节电压输出的范围为1.23~30 V,其线性调整率和负载调整率最大可以有±4%的误差。
- 负载电流最大可达3 A。
- 输入电压最大可达36 V。
- 外围电路只需4个元件即可构成。
- 内置固定频率为52 kHz的振荡器。
- 高效率。
- 内置过热保护电路和过流保护电路。

但使用LM2576也有一个缺点,即稳压效果较差,电压调整率最大可达±4%,在某些对电源电压敏感的场合不太适用。因此,本系统中为了得到更加稳定的输出电压,在LM2576构成的降压电路后,又加上了一个线性稳压集成块MC78M05CT。

8.1.3 系统复位及低电压检测电路

系统复位及低电压检测电路由专用复位芯片IMP813L及外围电路构成,具有低电压检测、系统上电复位、手动复位等功能(本系统中未使用IMP813L的看门狗功能)。

IMP813L是一款带有上电复位和低电压检测等功能的看门狗复位芯片,能监控电源(或电池)的电压及微控制器的工作状况,可应用于嵌入式控制器、电池供电系统、智能仪器仪表、无线通信系统及各种手持设备上。

IMP813L具有如下特点:
- 可替换Maxim公司的MAX705/6/7/8及MAX813L;
- 精确的电源监控,4.65 V门限电压;
- 去抖动的手动复位输入;
- 电压监控;
  ——1.25 V门限
  ——电池监控/辅助电源监控
- 看门狗定时器,1.6 s定时;
- 200 ms复位脉冲宽度;
- 高电平有效的复位输出。

IMP813L一般采用8脚DIP封装,其引脚定义及功能如表8-1所列。

第8章 热球子宫内膜治疗仪控制系统

表 8 - 1 IMP813L 的引脚定义和功能

引脚序号	引脚名称	信号方向	功能描述
1	$\overline{MR}$	输入	手动复位输入。低电平有效,可被 TTL/CMOS 逻辑电平驱动或由开关短路到地
2	V_{CC}	—	+5 V 电源
3	GND	—	电源地
4	PFI	输入	电源电压监控输入。当 PFI 端的输入电压小于 1.25 V 时,从 $\overline{PFO}$ 脚输出低电平。不用时将 PFI 接地或接至 V_{CC}
5	$\overline{PFO}$	输出	电源故障输出。当 PFI 端的输入电压小于 1.25 V 时,从 $\overline{PFO}$ 脚输出低电平,通知系统关闭程序,停止工作
6	WDI	输入	看门狗输入。当复位信号无效且 WDI 端检测到一个短至 50 ns 的高电平或低电平跳变时,复位看门狗定时器并启动新一轮计数。WDI 悬空、连接一个高阻抗三态缓冲器或产生了复位信号,将禁止看门狗功能,即看门狗定时器被清零且不计数
7	RST	输出	复位信号输出,高电平有效。复位时,高电平持续时间大约 200 ms
8	$\overline{WDO}$	输出	看门狗输出。当芯片内部的看门狗定时器计数超过 1.6 s 时,$\overline{WDO}$ 输出低电平,直到看门狗被清零才变为高电平。此外,当 V_{CC} 低于复位门限时,WDO 保持低电平

系统复位电路如图 8 - 3 所示。上电时,IMP813L 的第 7 脚(RST)输出一个大约 200 ms 的正脉冲,对单片机完成上电复位操作,工作过程中,如果 V_{CC} 的电压降至 4.65 V 以下,则 RST 输出高电平,直到 V_{CC} 升高到 4.65 V 以上时,RST 变低,完成系统的复位;系统运行过程中,如果需要手动复位,可按下 S1,给 IMP813L 的第 1 脚($\overline{MR}$)输入一个低电平,IMP813L 同样会从第 7 脚输出一个大约 200 ms 的正脉冲,对系统进行复位。图 8 - 3 所示的复位电路还具有低电压检测的功能:当电源电压 V_{CC} 经 R11、R12 组成的分压电路分压,使 PFI 的输入电压低于 1.25 V 时,则由 $\overline{PFO}$ 输出一个低电平,向单片机发出低电压告警信息。

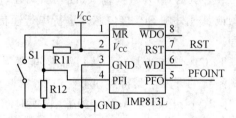

图 8 - 3 复位电路

系统使用外部专用复位电路的好处有:

① 能确保系统上电时,在用户设定的电源电压之上、时钟振荡稳定之后,单片机才开始工

作,运行程序。

② 可确保系统掉电后,在用户设定的电源电压之下,立即让单片机复位,以免单片机产生误动作。

③ 具有电源稳压块前端掉电检测的专用复位电路,可确保系统掉电时,有充分的时间保存数据。

④ 复位门槛电压可选。

8.1.4 A/D 转换模块

A/D 转换模块由串行输出 A/D 转换器 TLC1543 及参考电压形成电路构成,在单片机的控制下,对 7 路模拟信号(3 个温度传感器、1 个压力传感器及 3 个仪表放大器的参考电压)进行 A/D 转换,并将转换结果通过 TLC1543 自带的 SPI 总线传送给单片机。

1. TLC1543 简介

TLC1543 是 TI 公司生产的 11 通道、10 位开关电容逐次逼近式串行通信 A/D 转换器,最大采样速率 38 kbps,采样和保持由片内采样保持电路自动完成。器件的转换器结合外部输入的差分高阻抗的基准电压,具有简化比率转换刻度、隔离电源噪声的优点。

TLC1543 片内带有一个 14 通道多路选择器,可从 11 个模拟输入和 3 个内部自测电压中选择一个进行 A/D 转换,"转换结束"信号 EOC 指示 A/D 转换的完成。系统时钟由片内产生并与 I/O CLOCK 同步。正、负基准电压(V_{ref+}、V_{ref-})由外部提供,两者的差值决定输入电压范围。

TLC1543 自带有 1 个标准的 SPI 接口,通过 3 个输入端——片选($\overline{CS}$)、输入/输出时钟(I/O CLOCK)以及数据输入(DATA INPUT)和 1 个三态输出端(DATA OUTPUT)与主处理器或其他外围 SPI 接口芯片进行串行通信;可与主机高速传输数据,输出数据长度和格式可编程。

TLC1543 与单片机的接口简单,能够节省单片机的 I/O 口资源,特别适用于单片机数据采集系统的开发。其特点如下:

➤ 10 bit 分辨率 A/D 转换器,转换时间 10 μs;
➤ 11 个模拟输入通道;
➤ 3 路内置自测模式;
➤ 片内自带采样与保持功能,采样率最大 38 kbps;
➤ 线性误差+1 LSB(max);
➤ 具有片内时钟,并与 I/O 时钟同步;
➤ 有转换结束(EOC)输出;
➤ 可编程的输出数据长度。

TLC1543 一般采用 20 脚 DIP 封装,其引脚排列如图 8-4 所示。图中,AIN0~AIN10 为

11 个模拟输入端;V_{ref+} 和 V_{ref-} 为基准电压的正端和负端,通常接电源(V_{CC})和地(GND),两者的差值决定模拟输入的电压范围;$\overline{CS}$ 为片选输入端,低电平有效,下降沿复位 TLC2543 的内部计数器,并使能 ADDRESS、I/O CLOCK 和 DATA OUT 端;ADDRESS 为串行数据输入端,提供一个 4 位的串行地址,用来选择下一个将要被转换的模拟输入或片内提供的测试电压;DATA OUT 为串行数据端,用于输出前一次 A/D 转换的结果;I/O CLOCK 为数据的输入/输出提供同步时钟,系统时钟由芯片内部产生。

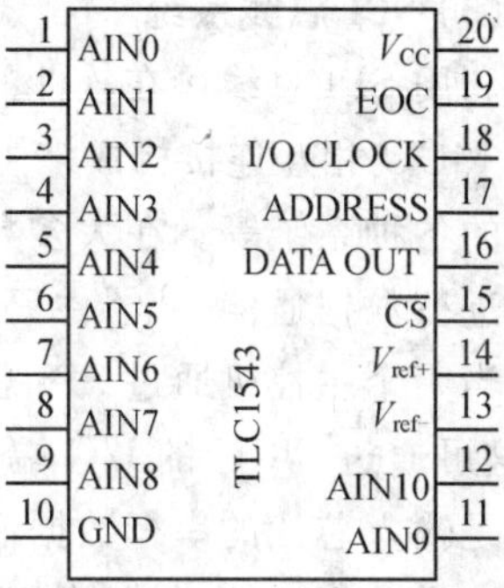

图 8-4 TLC1543 的引脚排列

2. SPI 总线接口

(1) SPI 接口

SPI 接口的全称是 Serial Peripheral Interface,即串行外设接口,由 Freascale 公司提出并首先在其 MC68HCXX 系列处理器上定义,主要用于 CPU 和外围低速器件之间进行同步串行数据传输。

SPI 接口器件以主/从方式进行工作,这种模式通常由 1 个主器件和 1 个(或多个)从器件组成,通过 SPI 总线进行连接。在主器件的移位脉冲控制下,数据按位传输,数据的传输格式为高位(MSB)在前,位(LSB)在后。

SPI 接口一般应用在 EEPROM、FLASH、实时时钟、A/D 转换器及数字信号处理器和数字信号解码器之间。

(2) SPI 总线

SPI 总线是一种同步串行外设接口总线,以全双工方式通信,数据传输速度总体来说比 I^2C 总线要快,速度可达到几 Mbps。通过这种总线,可以使 MCU 与各种 SPI 接口外设以串行通信的方式交换信息。SPI 总线由 4 条通信线构成:

① MOSI——主器件数据输出,从器件数据输入;
② MISO——主器件数据输入,从器件数据输出;
③ SCLK——时钟信号,由主器件产生;
④ $\overline{SS}$——从器件使能信号,由主器件控制。

由于 SPI 系统总线一般只需 3~4 位数据线和控制线即可实现与具有 SPI 总线接口功能的各种 I/O 器件进行接口,而扩展并行总线则需要 8 根数据线、8~16 位地址线、2~3 位控制线。因此,采用 SPI 总线接口可以简化电路设计,节省很多常规电路中的接口器件和 I/O 口线,提高设计的可靠性。在 51 系列等不具有 SPI 接口的单片机组成的智能仪器和工业测控系统中,当数据传输速度要求不是太高时,使用 SPI 总线可以增加应用系统接口器件的种类,提高应用系统的性能。

(3) SPI 总线系统

利用 SPI 总线可在软件的控制下构成各种主/从式系统,如 1 个主 MCU 和几个从 MCU、几个 MCU 相互连接构成多主机系统(分布式系统)、1 个主 MCU 和 1 个或几个从 I/O 设备所构成的各种系统等。在大多数应用场合,使用 1 个 MCU 作为主控机与 1 个(或多个)外围从器件进行数据通信,从器件只有在收到主机发出的命令时才能接收或发送数据。

当 1 个主控机通过 SPI 总线与多个串行 I/O 接口芯片相连时,必须使用每片的允许控制端,这可通过 MCU 的 I/O 端口线来实现。但应特别注意这些串行 I/O 芯片的输入输出特性:首先是输入芯片的串行数据输出是否有三态控制端。平时未选中芯片时,输出端应处于高阻态。若没有三态控制端,则应外加三态门。否则,MCU 的 MISO 端只能连接 1 个输入芯片。其次是输出芯片的串行数据输入是否有允许控制端。因为只有在此芯片允许时,SCLK 脉冲才能把串行数据移入该芯片;在禁止时,SCLK 对芯片无影响。若没有允许控制端,则应在外围用门电路对 SCLK 进行控制,然后再加到芯片的时钟输入端;当然,也可以只在 SPI 总线上连接 1 个芯片,而不再连接其他输入或输出芯片。

3. TLC1543 的工作时序

TLC1543 有 6 种工作方式,不同的工作方式决定了 MSB(数据最高位)出现在 DATA OUT 端的时刻、I/O CLOCK 的速度及 $\overline{CS}$ 的工作状态,其工作方式如表 8-2 所列。

表 8-2 TLC1543 的工作方式

工作方式		$\overline{CS}$	时钟数	DATA OUT 端的 MSB
快速方式	方式 0	转换周期时为高	10	$\overline{CS}$ 的下降沿
	方式 1	连续低	10	EOC 的上升沿
	方式 2	转换周期时为高	11~16	$\overline{CS}$ 的下降沿
	方式 3	连续低	16	EOC 的上升沿
慢速方式	方式 4	转换周期时为高	11~16	$\overline{CS}$ 的下降沿
	方式 5	连续低	16	第 16 个时钟的下降沿

本系统采用 TLC1543 的工作方式 0,工作时序如图 8-5 所示。其工作过程分为两个周期:访问周期和采样周期。工作状态由 $\overline{CS}$ 使能或禁止,工作时 $\overline{CS}$ 必须置低电平。$\overline{CS}$ 为高电平时,I/O CLOCK、ADDRESS 被禁止,DATA OUT 为高阻状态。当 CPU 使 $\overline{CS}$ 变低时,TLC1543 开始进行数据转换(A/D 转换),I/O CLOCK、ADDRESS 使能,DATA OUT 脱离高阻状态。随后,CPU 向 ADDRESS 端提供 4 位通道地址,控制 14 个模拟通道选择器从 11 个外部模拟输入和 3 个内部自测电压中选通 1 路送到采样保持电路。I/O CLOCK 端输入时钟序列,同时控制前一次的 A/D 转换结果从 DATA OUT 端输出,送给 CPU 接收。

I/O CLOCK 从 CPU 接收 10 个时钟长度的脉冲序列,在这 10 个脉冲的控制下,TLC1543

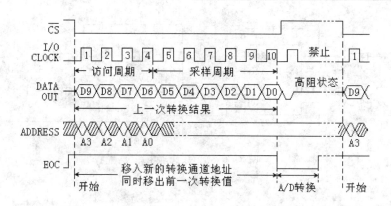

图 8-5 TLC2543 的工作时序

同步完成两个工作：一是数据输出，将前一次 A/D 转换的结果从 DATA OUT 端输出给 CPU；二是数据输入及采样控制，将 CPU 发送过来的通道地址写入片内地址寄存器并为模拟输入的采样提供控制时序。控制数据输入及采样时，I/O CLOCK 的 10 个脉冲分为前后两部分：前 4 个脉冲作为访问周期，将 4 位地址值从 ADDRESS 端写入 TLC1543 的片内地址寄存器，选择所需的模拟通道；后 6 个脉冲作为采样周期，对模拟输入的采样提供控制时序。模拟输入的采样起始于第 4 个 I/O CLOCK 的下降沿，并一直保持到第 10 个 I/O CLOCK 的下降沿，然后启动 A/D 转换。转换结束后，$\overline{CS}$ 的下降沿使 DATA OUT 引脚脱离高阻状态并启动下一次 I/O CLOCK 的工作过程。$\overline{CS}$ 的上升沿终止这个过程并在规定的延时内使 DATA OUT 引脚返回到高阻状态，经过两个系统时钟周期后禁止 I/O CLOCK 和 ADDRESS 端。

4. TLC1543 与单片机的接口

本系统的微控制器选用 51 系列单片机 STC89C58，由于单片机本身不带 SPI 接口，因此，系统中利用 P0 口的部分口线（P0.7、P0.6、P0.5、P0.4）通过软件模拟 TLC1543 的 SPI 接口时序的方式来实现单片机与 SPI 接口的通信。具体模拟的过程，请参见系统程序。

8.1.5 信号放大及调理电路

信号的放大及调理电路由仪表放大器 AD627、运算放大器 TLV2474 及外围元件构成，分为 3 个独立的、结构完全相同的电路，对两个温度传感器（检测球囊温度和加热腔温度）、一个压力传感器（检测气泵压力）输出的信号进行放大、调理，并将处理后的信号送 A/D 转换器 TLC1543。图 8-6 为球囊液体温度传感器的放大及调理电路。

图中，球囊液体温度传感器输出的信号经多路模拟开关后，通过电阻 R_1（5.9 kΩ）送到仪表放大器 AD627 同相输入端（第 3 脚），AD627 的反相输入端（第 2 脚）经匹配电阻 R_2（5.9 kΩ）后接地，同相输入端和反相输入端之间的电容 C_3（104）起去耦作用。放大后的信号从 AD627 的第 6 脚输出，信号的增益由 AD627 第 1 脚与第 8 脚间的电阻值决定，增益的计

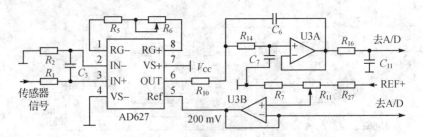

图 8-6 放大、调理电路

算公式为:

$$G=1+\frac{100K}{R_5+R_6}$$

AD627 的输出信号经 TLV2474 运放及外围元件组成的调理电路滤波、调理后送 TLC1543 进行 A/D 转换。AD627 的参考电压为 200 mV,由 REF+(+5 V)经 R_{27}、R_7、R_{11}(电位器)组成的分压电路分压、TLV2474 的运放隔离后产生,参考电压的值经 A/D 转换后,可送液晶屏显示,以便进行准确调整。

8.1.6 球囊加热器故障检测电路

球囊加热器的故障检测电路由取样电阻、电压串联负反馈电路、电压比较器电路组成,用于检测加热器是否正常工作,如图 8-7 所示。

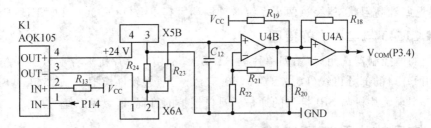

图 8-7 加热器故障检测电路

图中,R_{24} 为取样电阻(0.05 Ω),X5B 为外接+24 V 电源电压输入插座,X6A 为+24 V 加热电压输出插座(X6B 未画出,接法和作用一样),K1 为+24 V 通断控制继电器。当单片机的 P1.4 输出低电平时,继电器 K1 吸合,外接+24 V 电压经继电器、X6A 给加热器供电,加热器经 R_{24} 取样电阻接地。运放 U4B 接成电压串联负反馈形式,对 R_{24} 两端的取样电压进行放大(放大倍数 $1+R_{21}/R_{22}$),将放大后的电压送比较器同相输入端。运放 U4A 接成电压比较器的形式,将 U4B 放大的取样电压和 V_{CC} 经 R_{19}、R_{20} 分压后的电压(接到比较器的反相输入端)进行比较。

当电源电压正常、加热器正常工作时,取样电阻两端的电压很低,经 U4B 放大后,小于

V_{CC} 经 R_{19}、R_{20} 分压后的电压,比较器输出低电平,表示加热器正常工作;当电源电压增加或加热器内部出现部分短路后,加热器的输出电流将增大,取样电阻两端的电压也会增加。当电压增加到一定程度后,比较器同相输入端的电压将会大于反相输入端的电压,使比较器输出高电平,表示加热器有故障,单片机检测到 P3.4 口出现高电平后,将会运行故障处理程序,断开继电器 K1 并发出告警信息。

8.2 单片机资源的分配

本系统选用 PQFP44 封装的 STC89C58 单片机,单片机 I/O 口的资源分配如表 8-3 所列。

表 8-3 单片机 I/O 口的资源分配(PQFP44)

引脚名称	引脚序号	信号方向	功能描述
P0.0	37	输出	发光二极管(绿)控制。低电平有效,灯亮
P0.1	36	输出	发光二极管(红)控制。低电平有效,灯亮
P0.2	35	输出	蜂鸣器控制,低电平有效,蜂鸣器叫
P0.3	34	输出	模拟开关通道选择。低电平时,仪表放大器 AD627 的 IN+ 输入接传感器;高电平时接地
P0.4	33	输出	模拟 SPI 总线的 I/O CLOCK 信号
P0.5	32	输出	模拟 SPI 总线的 ADDRESS 信号
P0.6	31	输入	模拟 SPI 总线的 DATA OUT 信号
P0.7	30	输出	模拟 SPI 总线的 $\overline{CS}$ 信号
P1.0	40	—	未用
P1.1	41	输出	液晶显示器驱动芯片 ST7920 片选,低电平有效
P1.2	42	输出	液晶显示器驱动芯片 ST7920 的 EN
P1.3	43	输出	液晶显示器驱动芯片 ST7920 的 R/W
P1.4	44	输出	球囊加热电压控制,低电平时继电器吸合,接通+24 V 电压,给球囊内液体加热
P1.5	1	输出	排气阀继电器控制,低电平继电器吸合
P1.6	2	输出	定向阀继电器控制,低电平继电器吸合
P1.7	3	输出	气泵和密封阀继电器控制,低电平继电器吸合

续表 8-3

引脚名称	引脚序号	信号方向	功能描述
P3.0	5	输入	串行数据接收端。系统升级时用
P3.1	7	输出	串行数据发送端。系统升级时用
P3.2	8	输入	TLC1543 的 A/D 转换结束信号
P3.3	9	输入	按键输入
P3.4	10	输入	球囊液体加热器故障检测。低电平表示加热器正常工作,高电平表示加热器迷断电,没加热
P3.5	11	输出	DS1302 时钟输入
P3.6	12	输入/输出	DS1302 数据线
P3.7	13	输出	DS1302 复位信号输入
P4.0	17	—	未用
P4.1	28	输出	液晶显示器驱动芯片 ST7920 的复位信号
P4.2	39	输入	外中断 3 输入
P4.3	6	输入	低电压检测,外中断 2 输入。在 Power Down 模式时由外部中断低电平触发方式唤醒单片机
P2	18～25	输出	液晶显示器驱动芯片 ST7920 的数据输入

8.3 系统软件

系统软件包括主程序、LCD 的驱动与显示程序、串口通信程序、单片机片内 EEPROM 的读/写程序、实时钟芯片驱动及时钟读取程序、按键的获取与识别程序、A/D 转换控制程序、定时器中断程序等,完成机器的自检及整个治疗过程的控制等操作。由于系统程序较大,限于篇幅的原因,本书只给出系统测试、机器硬件自检及相关安全性检查等函数。需要完整程序的读者,可到出版社网站下载,也可来函向作者索取。

(1) 系统自测试

```
/*==========================================
功能:测试模式
参数:无
返回:无
描述:依次测试各种硬件
*==========================================*/
LOCAL void TestMode( void )
```

```c
{
    byte i, tmp;
    EnTestItemType item;
    bool exit = TRUE;
    byte xdata buf[20];
    Lcd_Clr();
    Lcd_Display(0, 0, "硬件自检", STR_MAX_LENGTH );
    DelayTime( 500 );
    item = EN_TEST_LED;
    while( exit )
    {
        switch(item)
        {
            case EN_TEST_LED:     /* test led, led must blink   */
                Lcd_Clr();
                Lcd_Display(0, 0, "观察 LED", STR_MAX_LENGTH );
                for( i = 0; i < 3; i++ )
                {
                    GREEN_LED_ON();
                    RED_LED_ON();
                    DelayTime( 300 );
                    GREEN_LED_OFF();
                    RED_LED_OFF();
                    DelayTime( 300 );
                }
                break;
            case EN_TEST_BEEP:    /* test beep */
                Lcd_Clr();
                Lcd_Display(0, 0, "检测蜂鸣器", STR_MAX_LENGTH );
                Beep( 500, 300, 2 );
                break;
            case EN_TEST_LCD_DISPLAY:             /* test lcd */
                Lcd_Clr();
                Lcd_Display(0, 0, "观察液晶显示器", STR_MAX_LENGTH );
                DelayTime( 2000 );
                Lcd_SelfCheck();
                break;
            case EN_TEST_TLC1543:                 /* test a/d */
                Lcd_Clr();
```

```c
        switch(Tlc_SelfCheck())
        {
            case EN_FAULT_TLC1543:
                Lcd_Display(0, 0, "模数转换故障", STR_MAX_LENGTH );
            break;
            case EN_FAULT_LIQUID_TEMP_SENSOR_FAULT:
                Lcd_Display(0, 0, "液体通道故障", STR_MAX_LENGTH );
            break;
            case EN_FAULT_HEATER_TEMP_SENSOR_FAULT:
                Lcd_Display(0, 0, "加热器通道故障", STR_MAX_LENGTH );
            break;
            case EN_FAULT_PRESSURE_SENSOR_FAULT:
                Lcd_Display(0, 0, "压力通道故障", STR_MAX_LENGTH );
            break;
            case EN_FAULT_NO_FAULT:
                Lcd_Display(0, 0, "模拟通道正常", STR_MAX_LENGTH );
            break;
        }
    break;
    case EN_TEST_ENVIRONMENT_TEMP: /* environment temperature */
        Lcd_Clr();
        tmp = Tlc_GetEnvironmentTemp( 5 );
        sprintf(buf,"环境温度：%02bu", tmp);
        Lcd_Display(0, 0, buf, STR_MAX_LENGTH );
    break;
    case EN_TEST_HEATER_CONNECT: /* test heater connecter */
        Lcd_Clr();
        HEATER_ON();
        if(VCOM_GET_LVL() == LOW)
            Lcd_Display(0, 0, "加热器连接故障", STR_MAX_LENGTH );
        else
            Lcd_Display(0, 0, "加热器连接正常", STR_MAX_LENGTH );
        HEATER_OFF();
    break;
    case EN_TEST_FILTER_QUALITY:            /* filter qulity */
        Lcd_Display(0, 0, "过滤器的质量正常", STR_MAX_LENGTH );
    break;
    case EN_TEST_PLUS_PRESSURE: /* test plus pressure */
        Lcd_Clr();
```

```c
            if(MakePlusPressure( 100, 500 ) >= 100)
                Lcd_Display(0, 0, "正压力正常", STR_MAX_LENGTH );
            else
                Lcd_Display(0, 0, "正压力故障", STR_MAX_LENGTH );
            SWITCH_AIR_PREESURE();
        break;
        case EN_TEST_MINUS_PRESSURE:    /* test minus pressure */
            Lcd_Clr();
            if(MakeMinusPressure( 100, 500 ) <= -100)
                Lcd_Display(0, 0, "负压力正常", STR_MAX_LENGTH );
            else
                Lcd_Display(0, 0, "负压力故障", STR_MAX_LENGTH );
            SWITCH_AIR_PREESURE();
        break;
        case EN_TEST_RTC:     /* check RTC */
            Lcd_Clr();
            if(Ds_SelfCheck())
                Lcd_Display(0, 0, "实时时钟正常", STR_MAX_LENGTH );
            else
                Lcd_Display(0, 0, "实时时钟故障", STR_MAX_LENGTH );
        break;
        default:
            exit = FALSE;
        break;
    }
    item ++ ;
    item %= EN_TEST_DUMMY;
#if 0
    DelayTime( 1500 );
#else
    while(GetKey() == KEY_NO_KEY)
    {
        WDT();
    }
#endif
}
Lcd_Display(0, 0, "请关机后重新开机", STR_MAX_LENGTH );
while( 1 )
{
```

第8章 热球子宫内膜治疗仪控制系统

```
        WDT();
    }
}
```

(2) 硬件自检

```
/*===========================================================
功能：机器硬件自检测
参数：无
返回：无
描述：
*===========================================================*/
LOCAL void MachineSelf( void )
{
    byte xdata buf[16];
    byte fault;
    /* get environment temperature */
    EnvironmentTemperature = Tlc_GetEnvironmentTemp( 5 );
    printf("环境温度 = %bd.\r\n", EnvironmentTemperature );
    if(EnvironmentTemperature >= 80)           /* environment sensor fault */
        FaultPro( EN_FAULT_ENVIROMENT_SENSOR_FAULT );
    else if(EnvironmentTemperature >= 52)      /* temperature over heat */
        FaultPro( EN_FAULT_ENVIROMENT_TEMP_OVER );
        else if(EnvironmentTemperature == 0)
        {
            /* enviroment sensor conect GND */
            FaultPro( EN_FAULT_ENVIROMENT_TEMP_0 );
        }
    /* check a/d channel */
    if( (fault = Tlc_SelfCheck()) != EN_FAULT_NO_FAULT)
    {
        /* have fault */
        FaultPro( fault );
    }
    if(! Ds_SelfCheck())        /* check ds1302 */
        FaultPro( EN_FAULT_DS1302 );
    #if 0
        HEATER_ON();                        /* check heater connect */
        if(VCOM_GET_LVL() == LOW)       /* heater is not connect */
            FaultPro( EN_FAULT_HEATER_CONNECT_FAULT );
```

```
        HEATER_OFF();
    #endif
    /* check use count */
    if(WorkRecord.UserCount >= 595 && WorkRecord.UserCount <= 600 )
    {
        /* rest treat count */
        strcpy( buf, TreatmenBeforeServiceString[MachineLanguage] );
        buf[0] =   600 - WorkRecord.UserCount + 0;
        Lcd_Display( 0, 0, buf, STR_MAX_LENGTH );
        DelayTime( 10000 );
    }
    else if(WorkRecord.UserCount > 600 )
    {
        /* must repair, can not treat */
        FaultPro( EN_FAULT_MACHINE_USE_END );
    }
}
```

(3) ACS 系统的密封性和过滤器质量检查

```
/*===============================================
功能：检查 ACS 系统的密封性和过滤器的质量
参数：
* pressure：指定的压力值，为负压力值
* second：保持时间，单位 s
* offset：允许误差
* qulity：空气质量参数
返回：
* TRUE：正确
* FALSE：错误
描述：
* 程序结束后，没有释放压力
*================================================*/
LOCAL bool CheckAcsAndAirQuality( word *qulity )
{
    #define MAX_TIME            3000
    #define MINUS_PRESSURE      170
    #define HOLD_SECOND         15
    #define OFFSET_PRESSURE     20
    byte i;
```

第8章 热球子宫内膜治疗仪控制系统

```c
    int  pres, tmp;
bool ret = FALSE;
/* clr count */
    DI();
PressureTimeCnt = 0x00;
EI();
/* switch valve    */
SWITCH_MINUS_PRESSURE();
DelayTime( 50 );
/* make indicate pressure in 2s */
while(PressureTimeCnt < MAX_TIME)
{
    pres = Tlc_GetAirPressureChannel( EN_PRES_VALUE );
    if(abs( pres ) >= MINUS_PRESSURE)
    {
        /* arrive pressure value, holding pressure */
        SWITCH_HOLD_PRESSURE();
        printf("空气压力 = %d.\r\n", pres );
        break;
    }
    else
        SWITCH_MINUS_PRESSURE();
    WDT();
}
if(PressureTimeCnt < MAX_TIME && pres < 0) /* 在规定时间内产生了负压力 */
{
    *qulity = GernerTimeCnt;
    /* delay time   */
    for(i = 0; i < HOLD_SECOND; i++)
    {
        DelayTime( 1000 );
        /* get current pressure value */
        tmp = Tlc_GetAirPressureChannel( EN_PRES_VALUE );
        printf("空气压力 = %d.\r\n", tmp);
    }
    /* check down value offset */
    ret = (abs( pres - tmp ) <= OFFSET_PRESSURE) ? 1 : 0;
    printf( "测试密封性: %bd.\r\n", (byte)ret );
}
```

```c
    else
    {
        SWITCH_AIR_PREESURE();
        ret = FALSE;
    }
    return ret;
    #undef MAX_TIME
    #undef MINUS_PRESSURE
    #undef HOLD_SECOND
    #undef OFFSET_PRESSURE
}
```

(4) 系统故障处理程序

```c
/*========================================
功能：硬件或软件故障处理程序
参数：无
返回：无
描述：
*   程序不会返回，等待关机，排除故障
*========================================*/
LOCAL void FaultPro( EnFaultCodeType fault )
{
    byte xdata buf[30];
    RED_LED_OFF();
    GREEN_LED_OFF();
    HEATER_OFF();
    if(WorkRecord.TreatState != EN_TREAT_START_S)
    {
        /* record enter treatment status fault */
        Ds_GetTime( &WorkRecord.EndTime );
        WorkRecord.FaultCode    = fault;
        ( void )PutWorkRecord( EN_FLASH_CREATE_RECORD, &WorkRecord );
    }
    /* beep, sound 1s and mute 1s, 3 */
    Beep( 500, 100, 3 );
    Lcd_Clr();
    switch( fault )
    {
        /* standard fault */
```

```c
case EN_FAULT_HEAT_TIME_LONGER:
case EN_FAULT_LIQUID_LOWER_163:
case EN_FAULT_LIQUID_HIGHER_183:
case EN_FAULT_ENVIROMENT_SENSOR_FAULT:
case EN_FAULT_ENVIROMENT_TEMP_0:
case EN_FAULT_ENVIROMENT_TEMP_OVER:
case EN_FAULT_HEATER_CONNECT_FAULT:
case EN_FAULT_LIQUID_TEMP_SENSOR_FAULT:
case EN_FAULT_HEATER_TEMP_SENSOR_FAULT:
case EN_FAULT_PRESSURE_SENSOR_FAULT:
case EN_FAULT_TEMP_LINE_ASCEND:
break;
case EN_FAULT_BALLOON_LEAK:              /*球囊泄露*/
    if(WorkRecord.TreatState == EN_TREAT_CHECK_SEAL3_S)
    {
        /*该状态球囊已经插入到子宫中*/
        TreatFault( fault );
    }
break;
case EN_FAULT_UNKOWN:       /*放气没有完毕*/
case EN_FAULT_ARRIVE_PLUS_PRESSURE_LONG:   /*达到正压力时间过长*/
    if(WorkRecord.TreatState >= EN_TREAT_CHECK_SEAL3_S)
    {
        TreatFault( fault );
    }
break;
case EN_FAULT_PLUS_PRESSURE_OVER:    /*正压力过高*/
case EN_FAULT_MINUS_PRESSURE_OVER:    /*负压力过高*/
    TreatFault( fault );
break;
  /*self define fault*/
case EN_FAULT_DS1302:
case EN_FAULT_TLC1543:
case EN_FAULT_WAIT_TREAT_TIMEOUT:
case EN_FAULT_MACHINE_USE_END:
case EN_FAULT_WRITE_FLASH_FAIL:
break;
default:
break;
```

```
    }
    sprintf( buf, "Error Code - %bu", fault );
    Lcd_Display(0, 0, buf, STR_MAX_LENGTH );
    /* wait power off and repair machine */
    while( 1 )
    {
        WDT();
    }
```

第9章 移动基站动力环境监控系统

通信基站大多离维护中心的距离较远,有些甚至建在高山顶上,如果单纯以人工巡检的方式对分布广泛的基站进行监控,则很难满足及时发现并处理故障的要求。另一方面,当一个基站因为故障退出服务时,如果没有集成化的监控系统,维护中心在不明故障具体原因的情况下,必须同时派出不同专业的维护人员到达现场,这样必然导致系统的维护成本增加。

本章设计了一个移动基站的动力设备及环境参数监控系统,该系统可对基站的高低压配电设备、电源、蓄电池组、油机、空调等动力设备及温度、湿度、烟感、红外、水浸、门禁等环境参量进行实时监控,使维护人员在局端的维护中心能随时了解基站各相关设备的运行状况及机房的环境、安全等情况,从而有效地提高维护水平和维护效率,节约维护成本。

9.1 系统总体设计方案

9.1.1 需求分析

1. 基站情况介绍

移动基站的面积一般约几平方米,处于露天环境之中,室内外温/湿度随基站地点的不同和季节的变化波动比较大,机房平时处于无人值守的状态。一般情况下,机房内部的设备包括通信主设备、动力系统(高频通信开关电源和蓄电池组)、空调系统(含2台空调和空调控制器,其中1台为备用)、通风系统(2组风机和百叶窗,包括进风扇组和出风扇组)、电磁门锁、交流照明设备等。动力系统、空调系统虽有控制器,但控制器各自独立,无法实现集中监控,且功能有限,无法采集机房环境数据。基站机房的大致结构如图9-1所示。

2. 需求分析

本系统的主要任务是对基站的内部设备和环境参数进行监控,做到基站机房的无人值守、远程监控,给基站的通信设备提供一个稳定可靠的工作环境。具体而言,本系统应包括以下这些功能:

第9章 移动基站动力环境监控系统

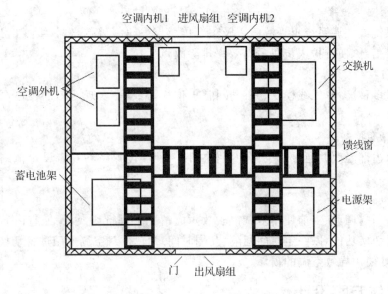

图 9-1 机房内部结构图

1) 采集基站的动力设备、空调系统等数据及环境参数

① 与电源控制器进行通信,采集电源系统(包括蓄电池)的信息。

② 与空调控制器进行通信,采集空调系统信息,并可以控制空调。

③ 采集基站的环境参数、机房内外温湿度等信息。

④ 为保证基站设备的安全,机房内安装了一些报警装置,包括红外传感器、烟雾传感器、水浸传感器,本系统应能采集这些传感器的信息。

⑤ 基站一般配置有门禁装置,本系统应能采集门的状态信息及开门信号并可实现门禁的远程控制。

2) 可以实现对直流风机、百叶窗、门锁的本地和远程控制

3) 可以与远程监控中心进行通信

① 通过某种传输信道定期地将采集到的机房状态信息传输到远程监控中心。

② 执行从远程监控中心下发的各种控制命令,并返回控制结果,比如对一些参数进行设置。

要求做到机房的无人值守、远程监控,使得管理人员可以随时了解各基站的全面情况,进行有效监控,以降低监控成本。

在基站的动力环境监控系统中,可利用 E1 中继线路上的空闲时隙,采用时隙提取设备提供的接口,直接将 RS232 形式的监控信息插入 E1 中继线路。该方式充分利用移动网络的现有传输资源,传输速率高,延时小,可以保证实时传送监控数据,及时反映被监控设备的运行状况和环境信息。

4) 故障检测与报警

在电源系统或空调系统出现故障以及报警传感器发出报警信息时,要实时地向远程监控中心发送报警信息,使维护人员以最高效率排除故障。

5) 机房门控

可以通过多种途径(无线模块、开门按钮、上位机命令等)实现对门的控制,并且与红外报警保持联动。

6) 机房温度控制

监视机房内部温度并通过对空调和风机的控制使温度保持在一定设定范围内,保证设备可靠运行。

7) 空调切换

有一台备用空调,在当前使用空调出现故障的情况下进行切换,保证室内温度不会过高。最好要有定时切换功能,以一定时间间隔(几周时间)为单位对空调使用进行切换,轮流使用空调,避免因长期使用导致空调的损坏。

9.1.2 总体方案设计

1. 系统接口描述

本系统的接口包括电源、数据采集、控制输出、通信及人机交互等。

1) 电　源

控制系统的电源由机房内高频通信开关电源提供,为 48 V 直流。

2) 数据采集

基站内已有一些智能控制系统,用其内部的数据采集器件采集设备参数。这些智能设备有的具有标准的通信接口,比如蓄电池控制器等,这类设备可通过标准接口向本监控系统传输该设备的信息,本监控系统均采用 RS485 接口与此类智能设备通信;有的是生产商提供的设备通信协议,比如电源控制器,对于这类设备,可采用配套的协议转换卡(PT 卡)作为中间接口与之通信。门的信息可以由电磁门锁提供,电磁门锁提供一些开关量触点信号反映门状态和锁芯状态信息。

而另一些信息的采集则没有现成的设备可以使用,故需要加装传感器,然后将信号量变成计算机能够接收的数字量,送到主监控设备中,比如对温湿度(温湿度传感器)、安全信息(红外传感器、烟雾传感器、水浸传感器)的采集就属于这类情况。

3) 控制输出

对机房内空调、门锁、直流风机和百叶窗等设备的开关进行控制,由开关量输出信号完成。各设备的电源取自机房内部,其中,电磁门锁控制回路的 +12 V 电源由控制系统提供,直流风机的 +48 V 电源由机房内高频通信的开关电源提供,百叶窗控制回路的 +24 V 电源由附加的直流稳压电源提供,空调选用机房内的三相交流电。

4）通信接口

根据设计要求，与上位机通信接口采用 1 路 RS232 串口，此串口也可通过时隙提取设备（2M 时隙卡）接入到 E1 中继线路上，与监控中心通信。后一部分不属于本系统设计范围，由另一项目组负责设计。在现场可以利用便携式计算机通过 RS232 串口与本系统进行通信，进行调试。

5）人机交互接口

根据功能需求，不需要设计键盘模块，但需要设计简单的故障自诊断电路。

6）总　述

可见，系统一共设计 8 路开关量输入；4 路模拟量输入；4 路开关量输出；1 路 RS232 串口：接上位机或时隙卡；1 路 RS485 串口：可接 2 台蓄电池监控仪、2 块用于与智能设备通信的 PT 卡。开关量输入信号列表如表 9-1 所列。模拟量输入信号列表如表 9-2 所列。开关量输出信号列表如表 9-3 所列。串口通信信号列表如表 9-4 所列。

表 9-1　开关量输入信号

序号	含义	备注
1	空调状态	触点输入
2	门状态信息	来自电磁门锁，触点输入
3	锁芯状态	来自电磁门锁，触点输入
4	出门按钮	触点输入
5	红外传感器	触点输入
6	水浸传感器	触点输入
7	烟雾传感器	触点输入
8		作扩展备用

表 9-2　模拟量输入信号

序号	含义	备注
1	室内温度	来自温、湿度传感器输出的电压信号
2	室内湿度	
3	室外温度	
4	室外湿度	

表 9-3 开关量输出信号

序 号	含 义	备 注
1	空调控制	触点输出
2	门锁输出	触点输出,需提供门锁的+12 V 电源
3	百叶窗	触点输出,外部直流+24 V
4	直流风机	触点输出,外部直流+48 V

表 9-4 串口通信信号

序 号	含 义	备 注
1	接上位机或时隙卡	RS232 串口
2	接 2 台蓄电池监控仪及 2 块 PT 卡	RS485 串口

2. 系统总体方案设计

设计系统的总体结构框图如图 9-2 所示。

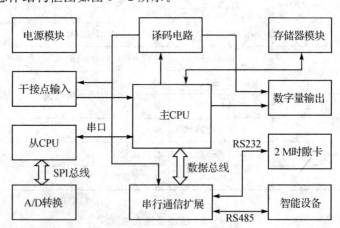

图 9-2 系统总体结构框图

(1) 电源模块

控制系统的电源由机房内高频通信开关电源的+48 V 直流电压提供。由于系统需要+5 V 电源,此外门锁控制及其他外部电路还需要一路+12 V 电源,故选择一个 DC-DC 电源转换模块将+48 V 电压先转化成+12 V,然后再通过本系统设计的开关电源将+12 V 电压转换为系统需要的+5 V 电源电压。

(2) 单片机

本系统采用主从双 CPU 的结构。主 CPU 选择台湾华邦公司的 8 位微控制器 W78E58B，W78E58B 内部自带 36 KB 的 FLASH 存储器（32 KB 主存储区，4 KB 引导区），具有在系统编程功能；从 CPU（控制 A/D 转换）选择 Atmel 公司的 AT89C52，内部自带 8 KB 的 FLASH 存储器。两块 CPU 的外部均不用扩展程序存储器。

(3) 译码控制电路

为简化设计，在满足设计要求的情况下，系统选用 74LS138 作地址译码器件。

(4) 存储器模块

本系统不须扩展程序存储器，但由于本系统需要和电源控制器、蓄电池控制器及上位机或监控中心通信，两片 CPU 之间也要进行通信，这些工作都不能实时完成，因此，系统需要大量的 RAM 空间来存放中间变量。而单片机内部只能提供少量的 RAM：W78E58B 最多只有 512 字节，AT89C52 只有 256 字节，故本系统扩展了两片各 32 KB 的 SRAM，一片供主 CPU 存放中间变量，另一片供从 CPU 存放中间变量。两片 SRAM 的片选分别由各自的单片机 P2.7(A15)脚提供。

此外，本系统还须保存一些要求掉电后不丢失的参数信息，故扩展了 EEPROM，为了方便与单片机的接口并能执行看门狗功能，本系统选择 X25045。

(5) 串口通信模块

本系统设计了 2 路与外部设备通信的串行通信接口，均采用并/串转换接口芯片 ST16C550 进行扩展（单片机自带的串口用于两片 CPU 之间的通信）。1 路经 MAX232 电平变换后接上位机或 2M 时隙卡；1 路经 MAX485 电平变换后接 PT 卡或智能设备。

(6) 信息采集模块

分模拟量和开关量采集。开关量信号经光耦隔离后接到输入缓冲器 74HC573，主 CPU 利用输入缓冲器扩展并口输入实现开关量采集；模拟量信号经调理电路后送 A/D 转换器 TLC2543。TLC2543 将转换后的数字量送从 CPU（AT89C52）处理，实现模拟信号的采集。

(7) 输出模块

此模块主要为输出继电器提供驱动。单片机利用锁存器 74HC573 扩展输出接口，然后通过小功率三极管去驱动继电器，从而控制外部设备——门锁、直流风机及两个空调的动作。

9.2 硬件电路设计

9.2.1 系统硬件结构

根据系统总体设计方案，本系统选择 W78E58B 作为主控 CPU，AT89C52 作为控制 A/D

转换的从 CPU，同时考虑系统复位、地址译码、RAM 扩展、I/O 口的扩展、模拟量采集、开关量采集、开关量输出驱动、串口通信等方面的要求，设计系统硬件结构如图 9-3 所示。

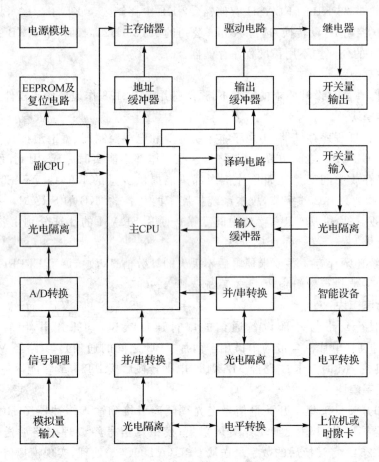

图 9-3 系统硬件结构

9.2.2 主控 CPU 的外围电路

1. 时钟电路

本系统使用双 CPU 主从处理的结构，两个单片机工作频率不同，加上串口扩展芯片 ST16C550（并/串转换）也需提供外部时钟频率，因此本系统使用了 3 个晶体振荡器。为了提高生产线上的工作效率，本系统选择 3 个不同形状的晶振，其中主 CPU 选用 22.118 4 MHz 的有源晶振，从 CPU 选用 11.059 2 MHz 的无源晶振，ST16C550 选用 1.843 2 MHz 的无源晶振。主控 CPU 的时钟电路如图 9-4 所示。

第9章 移动基站动力环境监控系统

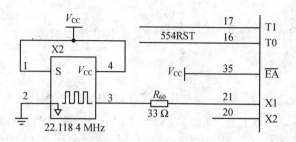

图 9-4 主 CPU 时钟电路

2. 看门狗、复位及 EEPROM 电路

看门狗及复位电路由带看门狗、复位功能的 EEPROM 芯片 X25045 及外围电路构成。

X25045 是 Xicor 公司生产的具有块锁保护功能的 CMOS 串行 EEPROM，通过 SPI 总线进行读/写操作，至少有 1 000 000 次的擦写周期，且写好的数据能够保存 100 年。该器件将 4 种功能合为一体：上电复位控制、看门狗定时器、降压管理及块保护功能。本器件的使用有助于简化系统的设计、减少印刷电路板的占用面积、提高系统的可靠性。该芯片具有如下特点：

- 可选时间的看门狗定时器。
- V_{CC} 的降压检测和复位控制。
- 5 种标准的复位电压，复位电压可降低到 $V_{CC}=1$ V。
- 使用特定的编程顺序即可对低电压检测和复位开始电压进行编程。
- 4K 位的 EEPROM，1 000 000 次的擦写周期。
- 具有数据块保护功能，可保护 1/4、1/2 或全部的 EEPROM，也可置于不保护状态。
- 内建防误写措施：用指令允许写操作、写保护引脚。
- 时钟可达 3.3 MHz。

X25045 的引脚及在系统中的连接方式如图 9-5 所示。

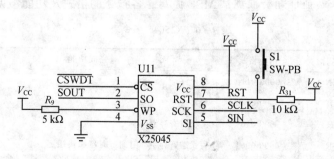

图 9-5 系统复位电路

第 9 章　移动基站动力环境监控系统

(1) 系统上电复位

当器件通电并超过 V_{TRIP} 时,X25045 内部的复位电路将会提供一个约为 200 ms 的复位脉冲,使微处理器能够正常复位。

(2) 降压检测

在工作过程中,X25045 监测 V_{CC} 端电压的下降,当 V_{CC} 端的电压下降到 V_{TRIP} 时,芯片产生一个复位脉冲;这个脉冲一直有效,直到 V_{CC} 降到 1 V 以下。如果 V_{CC} 在降到 V_{TRIP} 以下后又上升,则在 V_{CC} 超过 V_{TRIP} 后延时约 200 ms,复位信号消失,使微处理器可以正常工作。

(3) 看门狗定时器

看门狗定器电路通过监测 WDI($\overline{CS}$,电路中用网络标号 $\overline{CSWDT}$ 表示)端的输入来判断处理器是否正常工作。在设定的定时时间内微处理器必须在 WDI 引脚产生一个由高到低的电平变化;否则,X25045 将产生一个复位信号对微处理器进行复位。定时时间长短由 X25045 内部状态寄存器的两位(WD1、WD0)设置,如表 9-5 所列。

表 9-5　定时器时间的设置

状态寄存器位		看门狗定时器溢出时间
WD1	WD0	
0	0	14 s
0	1	600 ms
1	0	200 ms
1	1	禁止

(4) 控制指令

X25045 有 6 条控制指令,都被组织成一个字节(8 bit)的形式,通过 SPI 串行总线写入芯片的 SI 脚,所有指令、地址和数据都是 MSB 先写。各指令的格式及功能参见表 9-6。

表 9-6　X25045 指令表

指令名称	指令格式	完成功能
WREN	0000 0110	写允许
WRDI	0000 0100	写禁止
RSDR	0000 0101	读状态寄存器
WRSR	0000 0001	写状态寄存:看门狗定时器和块锁定
READ	0000 $A_8$011	从选定的开始地址单元中读数据
WRITE	0000 $A_8$010	向选定的开始地址单元写数据,1~16 字节

注:A_8 用于表示读写的 EEPROM 的上半区还是下半区。

(5) 状态寄存器

X25045 的状态寄存器由 4 个断电不会丢失的控制位和 2 个断电即消失的状态位组成。控制位用于设置看门狗定时器的溢出时间和存储器块保护区,状态位则用于表示器件的忙、闲状态和写允许状态。状态寄存器的默认值为 00H,其格式如表 9-7 所列。

表 9-7 状态寄存器格式

数据位	D7	D6	D5	D4	D3	D2	D1	D0
状态位	0	0	WD1	WD0	BL1	BL0	WEL	WIP

其中,WIP 是 1 个易失性的只读位。在片内编程时,表示器件的忙、闲状态。这一位可以用 RDSR 指令读出,当读出这一位是"1"时,表示器件内部正在进行写操作;当读出值为"0"时,表示内部没有进行写操作。

WEL 也是 1 个易失性的只读位,当该位为"1"时,表示芯片处于写允许状态;为"0"则表示芯片处于写禁止状态。指令 WREN 将使 WEL 为"1",而指令 WRDI 将使 WEL 为"0"。

BL1、BL0 为 2 个非易失性的块锁定设置位,用于设置块锁定的层次。通过 WRSR 指令,可以使存储器的 1/4、1/2 或全部处于写保护状态,也可以使存储器全部处于写允许状态。具体设置情况如表 9-8 所列。

表 9-8 块保护设置表

状态寄存器位		保护的地址空间
BL1	BL0	
0	0	不保护
0	1	180H~1FFH
1	0	100H~1FFH
1	1	000H~1FFH

读状态寄存器时,应先将$\overline{CS}$置低电平以选择该芯片,然后由微处理器送 1 个 8 位的 RDSR 命令,当 X25045 收到 RDSR 命令后,就在 SCK 脚的时钟信号控制下将状态寄存器的内容从 SO 脚输出。状态寄存器的内容可以在任何时候读出,即使在 EEPROM 内部的写周期内也可以读状态寄存的内容。

写状态寄存时,应先设置写允许位 WEL,然后才能写状态寄存器。其过程为:先置$\overline{CS}$为低电平,然后送 WREN 命令置 WEL=1(写允许。WRDI 置 WEL=0,禁止写),接着将$\overline{CS}$拉高,然后再次将$\overline{CS}$置低,随后写入 WRSR 命令,接着写入 8 位数据,这个 8 位数据就是写入状态寄存器的内容。写入结束后,必须将$\overline{CS}$拉至高电平。需要注意的是:如果$\overline{CS}$没有在 WREN 和 WRSR 之间变为高电平,则 WRSR 指令将被忽略。

(6) 片内 EEPROM 的读/写

读存储器的内容时,应先将$\overline{CS}$置低电平以选择该芯片,然后由微处理器将 8 位的读指令 READ 送到器件中(A_8 位用于选择存储器的上、下半区),接着送 8 位的地址码。在读指令和地址码发送完后,被选中存储单元里的数据就在 SCK 脚时钟脉冲的控制下从 SO 引脚顺序送出。读完一个字节的数据后,芯片内部的地址指针自动加 1 指向下一个存储单元,此时如果继续提供 SCK 时钟脉冲,则下一个地址的数据被读出。当读到最高地址后,地址指针回 0,再从 000H 单元开始读存储器的数据,直到 $\overline{CS}$ 脚变为高电平为止。

写存储器时,同样应先将 WEL 位置 1(参见状态寄存器的写过程),接着将 $\overline{CS}$ 拉高,然后再次将 $\overline{CS}$ 置低,随后写入 WRITE(A_8 用于选择存储器的上、下半区)指令及 8 位的地址,最后写入 8 位数据。如果 $\overline{CS}$ 没有在 WREN 和 WRSR 之间变为高电平,则 WRSR 指令将被忽略。

写操作至少需要 24 个时钟周期。写操作期间,$\overline{CS}$ 必须保持低电平,芯片允许微处理器 1 次写入 16 个字节,但这 16 个字节必须在同一页(页的开始地址为 X XXXX 0000;结束地址为 X XXXX 1111),如果写入地址已到某一页的最后一个地址,但写时钟还在继续,则从这一页的第 1 个地址继续写入数据并覆盖原来有的内容。

在进行写操作时,$\overline{CS}$ 必须在最后一个待写入数据的位 0 被写入后再拉至高电平,其他任何时候将 $\overline{CS}$ 拉至高电平,写操作都没有完成。

在一次写操作(存储器和状态寄存器)完成后,如果要进行下一次写操作,必须先读状态寄存器并检查其 WIP 位;只有当 WIP 位为"0"时,才能进行下一次的写操作。

3. 单片机的引脚分配

1) P0/P2 口

本系统需要扩展 SRAM、I/O 接口,故将 P0/P2 口作为外部总线接口使用。

P0 口作为地址/数据复用的总线口,传送 16 位地址信息的低 8 位(A0~A7),经锁存器 74HC573 锁存后与 P2 口(地址高 8 位,A8~A15)一起形成 16 位的地址信息,对 SRAM 的存储空间进行寻址。P0 口的地址信息被锁存后,则作为并行数据口,对 SRAM 进行数据的读/写。

2) P1 口

P1 口用作系统外围设备及工作指示灯的控制信号,作为普通 I/O 口线使用。在本系统中的具体定义如表 9-9 所列。

表 9-9 P1 口各位的定义

口 线	网络标号	功 能	信号方向
P1.0	$\overline{CSWDT}$	X25045 片选	输出
P1.1	SIN	X25045 的数据输入	输出
P1.2	SOUT	X25045 的数据输出	输入
P1.3	SCLK	X25045 的时钟输入	输出
P1.4	无	空闲	无
P1.5	LED1	主 CPU 通信指示	输出
P1.6	DRTSL	RS485 数据方向选择	输出
P1.7	WORK	主 CPU 工作指示	输出

3) P3 口

本系统中 P3 口各位的定义如表 9-10 所列。

表 9-10 P3 口各位的定义

口线	网络标号	功能	信号方向
P3.0	ARX	串行数据接收	输入
P3.1	ATX	串行数据发送	输出
P3.2	INTL	RS485 数据输入请求	输入
P3.3	INTH	RS232 数据输入请求	输入
P3.4	无	空闲	无
P3.5	554RST	串口扩展芯片 ST16C550 复位	输出
P3.6	$\overline{WR}$	外部数据存储器写选通	输出
P3.7	$\overline{RD}$	外部数据存储器读选通	输出

4. 系统地址分配

总线器件包括 HY62256 及锁存器 74HC573、2 片并/串转换芯片 ST16C550、1 片输入缓冲器 74HC573、输出缓冲器 74HC374。

各接口器件的片选地址由 74HC138 产生(其中 74HC138 及 HY62256 的片选由 A15 产生),具体地址范围如表 9-11 所列。

表 9-11 系统地址分配

器件	地址范围
HY62256(SRAM)	0000H~7FFFH
ST16C550(RS232 串行通信扩展)	8000H~80FFH
ST16C550(RS485 串行通信扩展)	8100H~81FFH
74HC573(开关量输入)	8500H~85FFH
74HC573(开关量输出)	8600H~86FFH

9.2.3 开关量 I/O 接口扩展电路

如前所述,系统需要采集 7 路开关量,输出 4 路开关量,由于使用了单片机总线,I/O 口的数量显然不够,因此,本系统使用锁存器 74HC573 对 I/O 口进行了扩展。

1. 开关量输入

如表 9-1 所述,系统一共有 7 路开关量输入:空调状态、门状态信息、锁芯状态、出门按钮、红外传感器、水浸传感器、烟雾传感器。考虑到抗干扰(雷击浪涌信号)的要求,开关量需经过光耦隔离后再送入系统,单片机通过访问锁存器74HC573实现开关量的采集。

(1) 开关量输入

本系统中的开关量输入信号均为无源触点信号,干节点输入。开关量输入电路如图9-6所示(图中只给出了1路输入信号)。

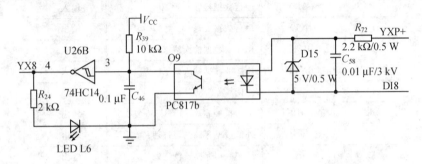

图 9-6 开关量输入电路

图中,PC817b 为光耦,起光电转换和信号隔离的作用。光耦的输入端一脚接干节点输入(DI8),另一脚经限流电阻 R_{72} 接 YXP+(+5 V 电源电压)。光耦的输出端一脚接地,另一脚分两路:一路接10 kΩ上拉电阻,保证光敏三极管工作在开关状态(饱和或截止);另一路送至反相器74HC14的输入端。反相器的输出也分两路:一路送发光二极管作为系统自检信号;另一路送扩展输入锁存器74HC573,供单片机读取。

当开关量输入端(DI8)为低电平(有效电平)时,光耦的发光二极管导通发光,光敏三极管接收到发光二极管产生的光线后饱和导通,输出低电平,经反相器74HC14反相后输出高电平使发光二极管亮,表示系统的这一路开关量输入电路工作正常。

(2) 扩展输入接口

系统选择锁存器74HC573作为扩展输入接口芯片,74HC573的片选信号由单片机的 $\overline{RD}$ 和74HC138的 $\overline{Y5}$ 经"或非门"相加,再反相后得到。输入接口的扩展电路如图9-7所示。

2. 开关量输出

系统一共有4路开关量输出:空调控制、电磁门锁控制、直流风机控制和百叶窗控制电路。

1) 扩展输出接口

扩展输出接口芯片同样选择锁存器74HC573,其片选信号由单片机的 $\overline{WR}$ 和74HC138的 $\overline{Y6}$ 经"或非门"相加,再反相后得到。输出接口扩展电路如图9-8所示。

2) 输出驱动电路

驱动电路由4个小功率三极管9012组成,锁存器74HC573输出的信号经三极管放大后

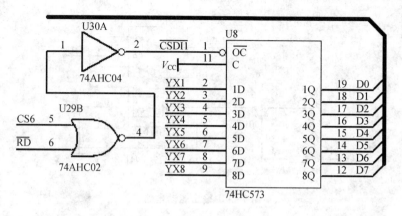

图 9-7 输入接口扩展电路

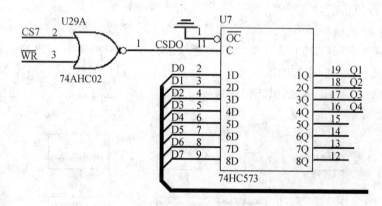

图 9-8 输出接口扩展电路

去驱动继电器执行相关的动作。

继电器选用松下公司的 ATQ209,线圈驱动电压 5 V DC,有两组触点,触点可承受最大电压 28 V DC,对应最大电流为 1 A,电压为 220 V AC 时对应最大电流为 1 A,可以满足系统输出的需要。

3) 保护措施

输出电路中的继电器是感性负载,在电路断开瞬间,由于线圈的阻碍作用,会在线圈两端产生很高的反向电压,可能烧坏电路中的元件甚至电源。因此,为了保护电路,在每个继电器的线圈两端各并接了 1 个续流二极管 IN4148。输出驱动部分的电路如图 9-9 所示。

9.2.4 串行通信扩展

根据需求分析,本系统的主微控制器需要使用 6 路串行通信接口与其他设备或器件通信:1 路与系统内的从 CPU(A/D 转换)交换数据;5 路与系统外设备(上位机和智能设备)进行通

第 9 章　移动基站动力环境监控系统

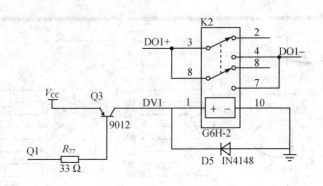

图 9-9　输出驱动电路

信。而所选微控制器 W78E58B 只有 1 个全双工串口,因此,要实现系统要求的 6 路串行通信,必须扩展串行通信接口。

本系统的串行通信扩展由并/串转换芯片 ST16C550 完成:单片机自带的串口用于与从 CPU 通信,用两片 ST16C550 通过单片机的总线和外部中断扩展 2 路串行通信口,一路经 MAX232 转换成 RS232C 标准的接口与上位机(监控中心)进行通信;另一路经 MAX485 转换成 RS485 标准的接口与蓄电池、电源控制器等 4 路智能设备进行通信。串行通信扩展电路结构图如图 9-10 所示。

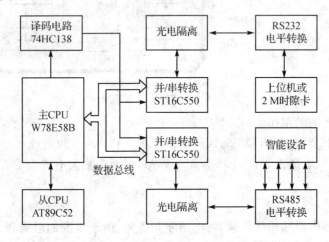

图 9-10　串口扩展电路结构图

1. 串口扩展电路

本系统使用 ST16C550 串行通信接口芯片扩展 2 路串行通信接口。

ST16C550 是 EXAR 公司推出的目前最稳定、最可靠的 UART 接口芯片之一,能够提供数据的串/并、并/串转换功能。其中,串行数据流的同步功能是通过在传输数据中加入起始和结束比特组成数据字节来实现的。通过在数据字节中附加奇偶校验位确保数据的完整性,接收方检验奇偶校验位确定是否出现传输错误。

(1) ST16C550 的内部结构及主要功能

ST16C550 是一种具有异步收发功能的 UART 接口芯片,内部结构主要包括以下几部分:

① 数据总线和控制逻辑。该逻辑包括复位线、I/O 读写总线、数据总线。通过总线可以直接与 W78E58B 连接。

② 寄存器选择逻辑。ST16C550 有 3 个片选信号 CS0、CS1、$\overline{CS2}$,只有在 CS0＝CS1＝1 且 $\overline{CS2}$＝0 时芯片被选中。

③ 中断控制逻辑。ST16C550 内部定义了 4 级中断,都通过 INT 引脚向 CPU 发送中断请求信号。该逻辑还包括接收就绪 $\overline{RXRDY}$、发送就绪 $\overline{TXRDY}$。

④ Modem 控制逻辑。ST16C550 所具有的 Modem 控制逻辑主要包括数据终端就绪信号 $\overline{DTR}$、请求发送信号 $\overline{RTS}$、输出信号 $\overline{OP1}$、$\overline{OP2}$、清除发送信号 $\overline{CTS}$、振铃信号 $\overline{RI}$、载波检测信号 $\overline{CD}$ 和数据就绪信号 $\overline{DSR}$。

⑤ 数据收发逻辑。该逻辑包括 Sin、Sout、XTAL1、XTAL2。当 ST16C550 接收数据时将 Sin 上的数据串行移入接收缓冲寄存器 RBR 供 CPU 读取;发送数据时将数据总线上的数据写入到发送寄存器 THR,再从 Sout 端串行输出。

(2) ST16C550 的内部寄存器

ST16C550 提供 12 个内部寄存器供监测、控制用,包括数据保持寄存器(发送保持寄存器 THR、接收保持寄存器 RHR)、中断状态寄存器(ISR)、中断允许寄存器(IER)、FIFO 控制寄存器(FCR)、线路状态寄存器(LSR)、线路控制寄存器(LCR)、Modem 状态寄存器(MSR)、Modem 控制寄存器(MCR)、临时数据寄存器(SPR)、波特率除数锁存器低位(LSB)/高位(MSB)。

ST16C550 使用 3 位地址线 A2～A0 定义内部寄存器。除了 A2、A1、A0 之外,LCR.7 也参与了波特率除数锁存器低位(LSB)/高位(MSB)的定义。只有在 LCR.7＝1 且 A2A1A0＝000/001 时才可以访问 LSB/MSB。

(3) 串口扩展及光电隔离电路

本系统使用两片 ST16C550 来扩展串口,以中断的方式与 W78E58B 通信。每片 ST16C550 的数据总线直接与 W78E58B 的 P0 口相连,片内寄存器的地址译码信号由单片机的 P0.1、P0.1、P0.2 经地址锁存器提供,读/写控制信号由 P3.6、P3.7 提供,芯片的复位信号由单片机的 P3.4 脚提供,3 个片选输入中,CS0、CS1 接电源,$\overline{CS2}$ 由地址译码器 74HC138 的 $\overline{Y0}$(或 $\overline{Y1}$)提供。

为了保护系统的内部电路,ST16C550 输出的串行信号需经光电隔离后再送电平转换器 MAX232 或 MAX485。由于串行通信要求的速度较高,这里选择安捷伦公司的高速光耦

6N137作光电隔离器件。串口扩展电路如图9-11所示(本图只给出了1路串口扩展电路)。

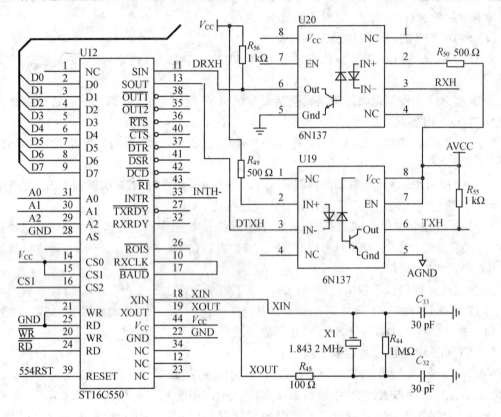

图9-11 串口扩展电路

2. RS232电平转换

上位机(PC机)的串行通信口采用的RS232C标准的串口。RS232C是美国电子工业协会EIA制定的一种串行接口标准,是目前异步串行通信中应用最广泛的标准,包括了串行传输的电气和机械方面的规定。RS232C使用较高的传输电压,比TTL电平具有更强的抗干扰能力和更远的传输距离。通常RS232C的最大传输距离为15 m,信号的传输率最高能达到20 kbps。RS232C的电气特性规定采用与TTL逻辑电平不兼容的负逻辑,逻辑0电平在+3~+15 V之间,逻辑1电平在-15~-3 V之间。而本系统的串口扩展芯片输出的是TTL逻辑电平,因此本监控系统与上位机连接时需进行电平转换。

电平转换芯片选用MAXIM公司的MAX232。该芯片符合TIA/EIA-232-F标准,使用+5 V单电源供电,内部包含2个发送器、2个接收器和1个电压发生器电路。电压发生器是一种电压倍增电路,用于提供TIA/EIA-232-F电平,接收器将TIA/EIA-232-F电平转换成5 V的TTL/CMOS电平,发送器则将TTL/CMOS电平转换成TIA/EIA-232-F电平。借助芯片内部的电压倍增电路和转换电路,芯片只需外接 5 个小容量电解电容(本系统选 0.1 μF)即可完成电平的转换。RS232 电平转换电路如图 9-12 所示。

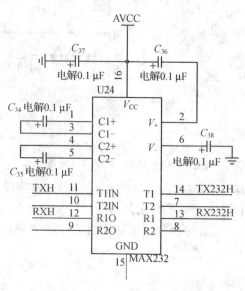

图 9-12 RS232 电平转换电路

3. RS485 电平转换

系统与智能设备的通信采用 RS485 总线方式。RS485 是一种平衡传输方式的串行接口标准(双端发送和双端接收),传送信号要用两条线 AA'和 BB',发送端和接收端分别采用平衡发送器(驱动器)和差分接收器。这个标准的电气特性对逻辑电平的定义是根据两条传输线之间的电位差值来决定的:当 AA'线的电压比 BB'线的电压高于 200 mV 时表示逻辑"1",低于 200 mV 时表示逻辑"0"。

RS485 接口标准的电路由发送器、平衡连接电缆、电缆终端负载和接收器组成。通过平衡发送器把 TTL 逻辑的电平转换成电位差,完成始端信息的发送;通过差分接收器,把电位差转换成 TTL 逻辑电平,实现终端的信息接收。RS485 标准由于采用了双线传输,因此大大增强了系统抗共模干扰的能力。RS485 标准允许在电路中有多个发送/接收器,是一种多发送器/多接收器的标准。

TTL 电平与 RS485 电平的转换由 MAX485 完成,平转换电路如图 9-13 所示。

MAX485 是一种可用于 RS485 及 RS422 通信的低功耗收发器,每个器件都有一个驱动器和一个收发器。驱动器摆率不受限制,可以实现最高 2.5 Mbps 的传输速率。收发器由单一+5 V 电源供电,在驱动器禁用的空载或满载状态下,吸取的电源电流在 120~500 μA 之间。驱动器具有短路保护功能,并可通过热关断电路将驱动器输出置为高阻状态,防止过度的

第9章 移动基站动力环境监控系统

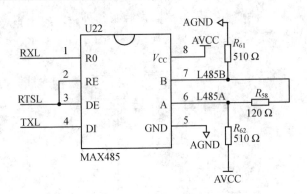

图 9-13 RS485 电平转换电路

功率损耗。接收器输入具有失效保护特性,当输入开路时,可以确保逻辑高电平输出。

MAX485 的串行通信设计为半双工方式,信号的输入/输出由 RE 和 DE 脚(2、3 脚)的有效电平决定。本系统中 RE、DE 脚短接后经光耦接到单片机 W78E58B 的 P1.6 脚,即由单片机控制智能设备数据的输入。

9.2.5 存储器的扩展

本系统不需扩展程序存储器,但由于本系统需要和电源控制器、蓄电池控制器及上位机(或监控中心)通信,两片 CPU 之间也要进行通信,这些工作都不能实时完成,因此,系统需要大量的 RAM 空间来存放中间变量。而单片机内部只能提供少量的 RAM,故本系统为两个 CPU 各扩展了 1 片 32 KB 的 SRAM(HY62256)。存储器扩展模块的电路如图 9-14 所示。

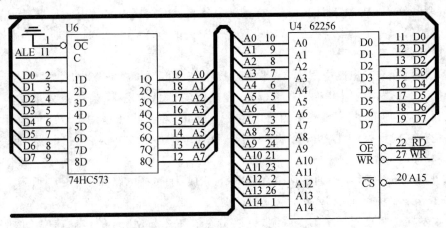

图 9-14 存储器扩展电路

9.2.6 模拟量的采集

为了减轻主 CPU 的工作负担,提高系统的可靠性,减少通信丢包现象的发生,本系统采用了双 CPU 主从处理的结构:用 1 个微控制器(AT89C52)专门负责模拟量的采集与 A/D 转换的控制,该微控制器通过自带的串口与主 CPU(W78E58B)的串口直接通信。模拟量采集电路的结构图如图 9-15 所示。

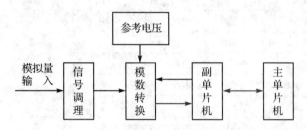

图 9-15 模拟量采集电路结构图

1. 从 CPU(AT89C52)的引脚分配

(1) P0/P2 口

P0/P2 口作为外部数据存储器的总线接口使用。P0 口作为地址/数据复用的总线口,传送 16 位地址信息的低 8 位,经锁存器 74HC573 锁存后与 P2 口(地址高 8 位)一起形成 16 位的地址信息,对 SRAM(HY62256)的存储空间进行寻址;SRAM 的地址范围:0000H～7FFFH。P0 口的地址信息被锁存后,则作为并行数据口,对 SRAM 的存储单元进行数据的读/写。

(2) P1 口

P1 口用作 A/D 转换器(TL2543)及工作指示灯的控制信号,作为普通 I/O 口线使用。其定义如表 9-12 所列。

表 10-12 P1 口各位的定义

口 线	网络标号	功 能	信号方向
P1.0	无	空闲	无
P1.1	ADRUN	A/D 转换工作正常	输出
P1.2	ADERR	与主 CPU 通信正常	输出
P1.3	ADCLK	TL2543 的时钟输入	输出
P1.4	ADIN	读 TL2543 数据	输入
P1.5	ADOUT	向 TL2543 发送数据	输出
P1.6	ADCS	TL2543 的片选	输出
P1.7	无	空闲	无

(3) P3 口

P3 口为准双向 I/O 口,也可作为单片机的特殊功能引脚。其定义如表 9-13 所列。

表 9-13 P3 口各位的定义

口　线	网络标号	功　能	信号方向
P3.0	ATX	串行数据接收	输入
P3.1	ARX	串行数据发送	输出
P3.2	无	空闲	无
P3.3	无	空闲	无
P3.4	无	空闲	无
P3.5	无	空闲	无
P3.6	$\overline{AWR}$	外部数据存储器写选通	输出
P3.7	$\overline{ARD}$	外部数据存储器读选通	输出

2. 温湿度传感器模块

根据表 9-2 的需求分析,本系统需采集 4 路模拟量:室内温度、室内湿度、室外温度及室外湿度。为系统设计、安装的方便,本系统选择广州西博臣公司的温湿度传感器模块 CHTM-02/N,该模块利用其内部的新一代复合型高分子湿敏电阻和集成模拟温度传感器 LM35 可以同时完成湿度和温度的测量,并以电压信号的形式输出,不需要进行非线性校正,使用方便。湿度信号输出的范围是 0~3 V(对应湿度 0~100%),温度信号输出范围是 0~1 V(对应温度 0~100 ℃)。

此模块与本系统的连接只需 4 根线即可:+5 V 电源、地线、湿度信号输出和温度信号输出。

3. 信号调理电路

非电量经传感器转换而成的电信号一般都混杂有不同频率成分的干扰,在严重情况下,这种干扰信号会淹没待提取的有用信号。因此,需要一种电路能选出有用的频率信号,滤除掉无用的、频率不同的干扰信号,这种电路称为滤波电路。滤波电路按照选频特性可以分为低通滤波电路、高通滤波电路、带通滤波电路、带阻滤波电路。按结构可以分为由无源元件电阻、电容、电感组成的无源滤波器和由电阻、电容及集成运放组成的有源滤波器。有源滤波器具有不需电感、体积小、重量轻等优点,而且由于集成运放的开环电压增益和输入阻抗很高,输出阻抗很低,构成有源滤波电路之后还具有一定的电压放大和缓冲作用。

由于环境参数中的温度和湿度信号变化都很慢,故电路中应设计低通滤波器,以将频率较高的干扰信号滤除掉。本系统选择一阶有源低通滤波电路作为前端信号的调理电路(前端温湿度传感器输出的湿度信号电压为 0~3 V、温度信号输出为 0~1 V,幅值已经比较大,无需再设计放大电路)。信号的调理电路如图 9-16 所示。

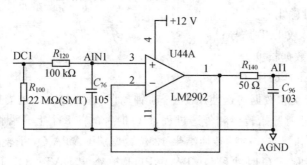

图 9-16 信号调理电路

图中,DC1 为外部传感器的输入端,AI1 为信号调理电路的输出(即 A/D 转换器的输入)。一阶有源低通滤波器由 1 个一阶 RC 低通滤波电路和电压跟随器组成。RC 低通滤波电路的 R 为 100 kΩ,C 为 0.1 μF,时间常数为 $R \times C = 0.01$ s,远大于一般干扰信号周期,可以起到要求的滤波作用。

电压跟随器由 STMicro 公司的集成运放 LM2902 构成。LM2902 具有高带宽(0～1.3 MHz)、高共模抑制比、高电压增益(100 dB)、小输入失调电流、宽电源电压范围(单电源 +3～+30 V,双电源 ±1.5～±15 V)等特点。

由于 LM2902 的输出阻抗很小,加在一阶滤波电路与 A/D 器之间,可以很好地避免由于滤波器电阻 R 的分压作用导致的输入信号衰减现象。

4. A/D 转换电路

A/D 转换器选用 TLC2543,参考电压由 MAX875 提供。MAX875 是 MAXIM 公司的低功耗、低漂移、+2.5 V/+5 V/+10 V 精密电压基准芯片,本系统的 MAX875 提供+5 V 的参考电压。

TLC2543 是 TI 公司的 11 通道、12 位开关电容逐次逼近串行通信 A/D 转换器,采样率为 66 kbps,采样和保持由片内采样保持电路自动完成。器件的转换器结合外部输入的差分高阻抗的基准电压,具有简化比率转换刻度、隔离电源噪声等优点。TLC2543 自带有标准的 SPI 串行接口,与单片机接口简单,能够节省单片机的 I/O 资源,特别适用于单片机数据采集系统的开发。其特点有:

➤ 12 bit 分辨率 A/D 转换器;
➤ 在工作温度范围内 10 μs 转换时间;
➤ 11 个模拟输入通道;
➤ 3 路内置自测试方式;
➤ 采样率为 66 kbps;
➤ 线性误差+1 LSB(max);

- 有转换结束(EOC)输出；
- 具有单、双极性输出；
- 可编程的 MSB 或 LSB 前导；
- 可编程的输出数据长度。

(1) TLC2543 的工作时序

TLC2543 每次转换和数据传送使用 16 个时钟周期，且在每次传送周期之间插入 $\overline{CS}$ 时序。在 TLC2543 的 $\overline{CS}$ 变低时开始转换和传送过程，I/O 时钟的前 8 个上升沿将 8 个输入数据位送入输入数据寄存器，同时，将前一次转换结果 12 位数据从 DATA OUT 输出(时钟下降沿时数据变化)。当 CS 为高时，I/O 时钟和 DATA INPUT 被禁止，DATA OUT 为高阻态。

(2) 数据输入格式

数据寄存器的高 4 位(D7~D4)数据为 0000~1010 时，表示选中 11 个模拟通道中的某一个通道；为 1011~1110 时表示分别选中测试电压 $(V_{ref-} + V_{ref+})/2$、V_{ref-} 以及 V_{ref+}。D3、D2 表示输出数据长度，D1 表示输出数据的格式(0 为 MSB，1 为 LSB)，D0 决定 TLC2543 的工作方式。

(3) A/D 转换电路

系统的 A/D 转换电路如图 9-17 所示。

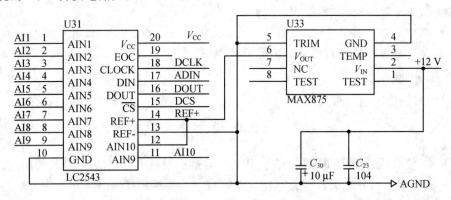

图 9-17 A/D 转换电路

9.2.7 系统电源电路

本监控系统的电源由基站内高频通信开关电源的 48 V 直流电压提供。由于系统主板需要 1 路 5 V 电源和 1 路 12 V 电源(基准电压的输入和门锁控制)，设计时可选择一个 48 V→12 V 的 DC-DC 电源模块，将 48 V 电压转化为 12 V 电压，再在系统板上设计电路将 12 V 电压转换为 5 V 电源。

注：机房高频通信开关电源提供的 48 V 直流电压是正接地的，即正端为 0 V，负端为

−48 V。故在连接电源时应把外部输入 0 V 接 DC-DC 模块的 $+V_{in}$ 端，−48 V 接 $-V_{in}$ 端。

12 V→5 V 的电压转换电路以 AIC 公司的 MC34063A 为中心设计。MC34063 是一块单片的 DC-DC 变换控制电路，内含直流到直流变换所需的主要功能，包括带温度补偿的基准电压、比较器、带激励电流限制的占空比可控的振荡器、驱动器和大电流输出天关管等。该芯片专为降压、升压和倒相应用所设计，使用时所需外围元器件较少。开关电源电路如图 9-18 所示。

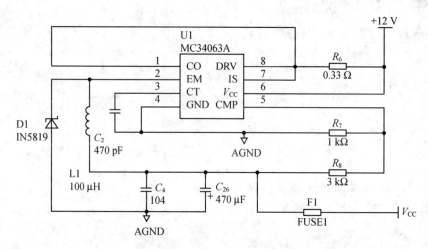

图 9-18 开关电源电路

9.3 系统软件

系统软件包括主程序、LCD 的驱动与显示程序、串口通信程序、单片机片内 EEPROM 的读/写程序、实时钟芯片驱动及时钟读取程序、按键的获取与识别程序、A/D 转换控制程序、定时器中断程序等，完成机器的自检及整个治疗过程的控制等操作。由于系统程序较大，限于篇幅的原因，这里只给出系统测试、机器硬件自检及相关安全性检查等函数。需要完整程序的读者，可到出版社网站下载，也可来函向作者索取。

9.3.1 主 CPU 资源分配

1) 两个外部中断

INT0：RS485 数据输入中断请求。当智能设备有数据输入时，通过串行接口芯片 ST16C550(U13)向主 CPU 发中断请求。

INT1：RS232 数据输入中断请求。当上位机(或监控中心)有数据输入时，通过串行接口芯片 ST16C550(U13)向主 CPU 发中断请求。

2) 两个定时器:
① Timer0:进行一些简单的定时处理,如超时处理。
② Timer1:产生串口通信的波特率。
3) 串　口

两个主从处理的芯片间传送数据,均采用中断方式接收数据。

9.3.2 主 CPU 的部分函数

(1) 主函数

```
/*========================================
功能:主程序处理
参数:无
返回:无
描述:
*========================================*/
main()
{
    InitCPU();
    InitExtDog();
    ClrExtDog();
    Delay();
    ClrExtDog();
    InitFile();
    Reset();
    InitEPS_COMM();
    InitEQUIP_COMM();
    InitSystem();
    EA = 1;
    while (true)
    {
        DoRUN();
        CheckTimer30mF();
        OpenCloseAir();
        if (fEPS)
            DoEPS();
        DoADC();
        DoEQUIP();
```

        }
        return true;
}

(2) 外中断 0 函数

```
/*===========================================================
功能：外部中断 0 程序
参数：无
返回：无
描述：
* 读智能设备数据
* 下降沿触发中断
* ===========================================================*/
void Ex0(void) interrupt 0
{
    unsigned char data  bChar;
    bChar = EQUIP_IIR;
    do{
        switch(bChar)
        {
            case 0:
                bChar = EQUIP_MSR;
            break;
            case 2:
                dEQUIPTx();
                break;
            case 4:
            case 12:
                dEQUIPRx();
            break;
            case 6:
                bChar = EQUIP_LSR;
            break;
        }
    } while ((bChar = EQUIP_IIR)! = 1);
    return;
}
```

(3) 定时器 0 中断函数

```
/*=============================================
功能：定时器中断 0 程序
参数：无
返回：无
描述：
* 超时处理
*=============================================*/
void Tm0(void) interrupt 1
{
    TF0 = 0;
    TH0 = HIBYTE(0xFFFF - 10000);
    TL0 = LOBYTE(0xFFFF - 10000);
    Timer[0] ++ ;
    if(Timer[1])
        Timer[1] -- ;
    if(Timer[2]>0)
    {
        Timer[2] -- ;
        if(Timer[2] == 0)
            fWait = 0;
    }
    if(RxTimer)
    {
        RxTimer -- ;
        if(! RxTimer)
        {
            RxPointer = 0;
        }
    }
    if(dEPS_Comm.RxTimer)
    {
        dEPS_Comm.RxTimer -- ;
        if(! dEPS_Comm.RxTimer)
        {
            dEPS_Comm.RxPointer = 0;
            dEPS_Comm.fRxStep = 0;
        }
    }
```

```
        if(dEQUIP_Comm.RxTimer)
        {
            dEQUIP_Comm.RxTimer--;
            if(! dEQUIP_Comm.RxTimer)
            {
                dEQUIP_Comm.RxPointer = 0;
                dEQUIP_Comm.fRxStep = 0;
                dEQUIP_Comm.fRxBusy = 0;
            }
        }
    DiBuff2 = XBYTE[0X8500];
    DiBuff2 = ~DiBuff2;
    if(DiBuff2 == DiBuff1)
    {
        DinSum = DinSum + 1;
        if(DinSum>20)
        {
            Din = DiBuff2;
            DinSum = 0;
        }
    }
    else
    {
        DiBuff1 = DiBuff2;
        DinSum = 0;
    }
    return;
}
```

(4) 外中断 1 函数

```
/*========================================*
```
功能：外部中断 1 程序
参数：无
返回：无
描述：
 * 读上位机数据
 * 下降沿触发中断
```
*=========================================*/
void Ex1(void) interrupt 2
```

```c
{
    unsigned char data  bChar;
    bChar = EPS_IIR;
    do{
      switch(bChar)
      {
        case 0:
          bChar = EPS_MSR;
        break;
        case 2:
          dEPSTx();
        break;
        case 4:
        case 12:
          dEPSRx();
        break;
        case 6:
          bChar = EPS_LSR;
        break;
      }
    } while ((bChar = EPS_IIR)! = 1);
    return;
}
```

(5) 串口中断程序

```
/*===*===*===*===*===*===*===*===*===*===*===*===*
功能：串行通信程序
参数：无
返回：无
描述：
 * 向从 CPU 发读数据命令
 * 读从 CPU 的 A/D 转换数据
*===*===*===*===*===*===*===*===*===*===*===*===*/
void SIO(void) interrupt 4
{
    if(TI)
    {
        TI = 0;
        dTxADC();
```

```c
        }
        if(RI)
        {
            RI = 0;
            dRxADC();
        }
        return;
}
void dRxADC(void)
{
    unsigned char bRx;
    bRx = SBUF;
    ACC = bRx;
    RxBuf[RxPointer ++ ] = bRx;
    RxTimer = 20;
    if((bRx == 0x0d)&&(RxPointer == 33))
    {
        REN = 0;
        RxPointer = 0;
        fADVaild = 1;
    }
}
void dTxADC(void)
{
        static unsigned   char txPointer = 0;
        if (TxCounter)
    {
        ACC = TxBuf[txPointer ++ ];
        SBUF = ACC;
        TxCounter -- ;
    }
    else
    {
        txPointer = 0;
    }
}
```

参考文献

[1] 张虹.单片机原理及应用[M].北京:中国电力出版社,2009.
[2] 周国运.单片机原理及应用(C语言版)[M].北京:中国水利水电出版社,2009.
[3] 苏家健.单片机原理及应用技术[M].北京:高等教育出版社,2004.
[4] 张杰.单片机原理及应用[M].北京:机械工业出版社,2006.
[5] 王为青.单片机 Keil Cx51 应用开发技术[M].北京:人民邮电出版社,2007.
[6] 胡辉.单片机原理及应用设计[M].北京:中国水利水电出版社,2005.
[7] 谢维成.单片机原理与应用及 C51 程序设计[M].北京:清华大学出版社,2006.
[8] 梅丽凤.单片机原理及接口技术[M].北京:清华大学出版社,2006.
[9] 马忠梅.单片机的 C 语言应用程序设计(第 4 版)[M].北京:北京航空航天大学出版社,2008.
[10] 徐爱钧.单片机高级语言 C51 应用程序设计[M].北京:电子工业出版社,2000.
[11] 潘晓宁等.单片机程序设计实践教程[M].北京:清华大学出版社,2009.
[12] 田希晖.C51 单片机技术教程[M].北京:人民邮电出版社,2007.
[13] 赵文博.单片机语言 C51 程序设计[M].北京:人民邮电出版社,2005.
[14] 王守中.51 单片机应用开发速查手册—指令、模块、实例[M].北京:人民邮电大学出版社,2009.
[15] 汤竟南.51 单片机 C 语言开发与实例[M].北京:人民邮电出版社,2008.
[16] 边春元.C51 单片机典型模块设计与应用[M].北京:人民邮电出版社,2008.
[17] 李朝青.单片机原理及接口技术[M](第 3 版).北京:北京航空航天大学出版社,2005.